U0178746

What is Life

生命是什么

里程碑式的科普经典

〔奥〕埃尔温·薛定谔　著　吉喆　译

开明出版社

图书在版编目（CIP）数据

生命是什么 /（奥）埃尔温·薛定谔著；吉喆译.
—北京：开明出版社，2022.8
（开明科普馆）
ISBN 978-7-5131-7472-5

Ⅰ.①生… Ⅱ.①埃… ②吉… Ⅲ.①生命科学—青少年读物 Ⅳ.① Q1-0

中国版本图书馆 CIP 数据核字（2022）第 102064 号

责任编辑：卓玥　张慧明

书　名：生命是什么
作　者：[奥] 埃尔温·薛定谔
译　者：吉喆
出　版：开明出版社（北京市海淀区西三环北路 25 号青政大厦 6 层）
印　刷：保定市中画美凯印刷有限公司
开　本：880 毫米 ×1230 毫米 1/32
印　张：7.25
字　数：130 千字
版　次：2022 年 8 月第一版
印　次：2022 年 8 月第一次印刷
定　价：39.00 元

印刷、装订质量问题，出版社负责调换。联系电话：（010）88817647

序言 WHAT IS LIFE

人们总是认为，科学家拥有某一学科领域内的全部知识，因此他们不会就不熟悉的主题作深入的研究，这就是科学家不可推卸的职责。然而，为了写作这本书，我宁可放下任何尊贵者的荣誉——如果有的话，也顺便免去随之而来的责任。我之所以这么说，是因为：

对于统一的、普遍性的知识的不懈追求，是我们从先辈们那里继承下来的最好品质。大学（大学，这一单词在英文中与普遍性同义）自从其产生以来，历经了数个世纪，无不暗示着普遍性才是我们追求的永恒价值。可是最近一百年来，知识的分支无论是在广度还是深度上的增长速度，已经使我们面临着一个进退两难的境地。我们强烈地感受到，一方面我们正在开始获取可靠的信息和材料，尝试把已有的知识综合贯通起来成为一个有机整体；另一方面，即便是对某一学科领域更加专业化的知识，如果想要彻底掌握它也几乎是不可能的事情。

只有我们中的某些人，敢于冒着自己被看成是愚蠢之人的风险，去大胆地尝试总结那些事实和理论，即便其中不乏有第二手或者不完备的知识，我们才有可能摆脱上文谈及到的两难困境。否则，无法摆脱困境，我们只能表示深深的歉意了。

有一个障碍我们无法回避，那就是语言的不同。一个人的母语就像是他贴身穿的衣服，可是当这样的衣服暂时没有却不得不找另外一件衣服来替代的话，他是不会感到舒服的。我要感谢因克斯特博士、巴德赖格·布朗博士，还有 S. C. 罗伯茨先生。几位朋友竭尽全力地帮助我，使得这件新衣服适合我的身材，并且由于我执意不放弃自己的风格，也给他们带来了不少额外的麻烦。如果我的这些独创风格偏离了正确的意向，那么这也是我的责任而不是他们的过错。

书中每一部分的内容标题是作为页面边缘的概要写上去的，每一章的正文部分都是一个连贯的整体。

E. 薛定谔
都柏林
1944 年 9 月

目录 WHAT IS LIFE

Part A 生命是什么

Part A
生命是什么

自由的人绝少思虑到死；他的智慧，不是死的默念，而是生的沉思。

——斯宾诺莎《伦理学》第四部分，命题 67

第一章

经典物理学家走近这个主题

我思故我在。

——笛卡尔

1. 研究的一般性质和目的

本书是一位理论物理学家对大约400名听众所做的一次公开演讲。在演讲之前我就断言这是一个比较晦涩难懂的题目，即便较少使用复杂的数学演绎法，恐怕演讲也会有些难懂，然而听众却没有因此而减少。较少使用数学推理，并不是说这个问题简单；相反，这个问题太过复杂以至于无法用数学语言来表达。尽管如此，演讲者还是竭尽所能，用最通俗易懂的语言，把介于生理学和物理学之间的基本概念阐释清楚。

实际上，本书涉及的问题很多，但我的任务是把一个基本的问题阐释清楚，其他的问题也就随之迎刃而解了。为了更加明确我们的方向，简要地阐述本书的计划显得尤为重要。

本书即将讨论的重大问题是：发生在生命世界中的事件，怎样用物理学和化学的原理来解释？这种事件的发生与时间和空间的关系又是怎样的呢？

本书得出的初步结论概括为：时至今日的物理学和化学在解释上述问题时的局限和无奈，并不能成为这些问题无法用科学的原则和方法来解释的理由。

2. 统计物理学结构上的根本差别

如果仅仅是因为过去没有取得成就而激起新的希望，那么上面的注释和论述就更加显得微乎其微了。我们在意的倒是，为什么直到现在都没有取得丝毫实质性的进展，这恐怕是最有价值和意义的地方。

近三四十年来，由于生物学家（大部分为遗传基因专家）的不懈努力，关于真实有机体的结构和功能状况已经足够精确地说明了为什么现代的物理学和化学不能够解释说明生命有机体在时间和空间范围内发生的事件。

一个有机体最重要部分的原子排列及其之间相互作用的方式，和物理学家、化学家所安排设置的原子是不同的。物理学家和化学家经常为了实验或者理性的研究而特意对有机体的原子排列采取一定的措施。

一个有机体最活跃部分的原子排列方式及相互作用方式，与现今所有的物理学家、化学家进行理论研究和实验的原子排列是不同的。有些物理学家认为物理学和化学的定律一直是统计力学的性质，并对此深信不疑。除了他们之外，其余的学者们会把我前文所说的差别当作是无足轻重并且经常发生的[1]。有机体最活跃部分的结构是非常复杂的，这与物理学家和化学家所处理的物质有着天壤之别——他们一般在实验室里用体力做实验而在书桌旁边用脑力进行思考。这种看法与统计力学的观点有些类似[2]。正是生命有机体的活跃部分自身具有特殊的结构，才使得物理学家和化学家要把曾经发现的规律直接应用到生命有机体上的行为几乎是不可能的。加之，这个生命系统又不具备这些规律发生作用的基础结构，因而更是难上加难!

我刚才费力表达的“统计力学结构”，并不奢望物理学之外的人士能够准确地理解其含义，更不要说让他们去辨别这些含义之间的关系了。为了不使文章的论述太过枯燥，我在这里先把后面讲到的内容概述一下：活细胞的最重要部分是染色体纤丝，我们也可以称之为非周期性晶体。直到现在，我们遇到的大多是周期性晶体。在一个普通的物理学家眼里，周期性晶体就已经是十分复杂的物质了——它们构成的极具吸引力和最复杂的结构使得无生命的自然界变幻莫测。然而，如果拿它们与非周期性晶体相比的话，其复杂程度便逊色了许多。两种不同物质的结构差别，就像是糊墙纸和刺绣的不同：一个是重复同一的花纹，一个是绚丽多彩的刺绣。这就好

[1] 这个说法可能显得有点笼统。这个问题要到本书末第七章的 7~8 节才来讨论。

[2] F. G. 道南在两篇富有启发性的论文中强调了这个观点。见《科学》24 卷，78 期，1918 年，第 10 页（《物理化学能否描述生物学现象》）；《1929 年史密森尼报告》第 309 页（《生命的秘密》）。

比拉斐尔的花毡，它显示的不是单调的重复，而是伟大而富有创新意义的设计。

对于物理学家而言，周期性晶体是专业领域中最为复杂的研究对象之一。事实上，有机化学家们在日益广泛的探索中已经或多或少地接触到了“非周期性晶体”——我认为它就是生命的物质载体。因此，物理学家在生命问题上始终未获得巨大的突破，而有机化学家却建树颇丰，就不足为奇了。

3. 一个朴素物理学家对这个主题的探讨

简要说明了研究工作的观点后，我们就直入主题吧。首先，我解释一下“一位朴素物理学家的有机体观点”。这位物理学家学习了物理学的相关知识尤其是统计力学后，开始探索有机体的活动和功能方式。他试图根据学到的知识和科学观点，对这个问题做出适当的解释。很幸运，他发现是能够解释这个问题的。紧接着，他把理论上的预见和生物学的事实加以比照。除了一些细微的地方有些出入，比较的结果说明了他的观点大体上是正确的。如果照这样继续下去，他就会不断接近正确的观点，或者说接近自己所认为的正确观点。

即使在这里我是正确的，我也不知道这条探索的路径是否是最好和最简单的。这位物理学家就是我自己，虽然我找不到其他的达到这个目标的更好方法，但这毕竟是我的途径。

4. 为什么原子如此之小

要想说明“朴素物理学家的观点”，可以从一个非常好但却有点可笑的问题开始——为什么原子如此之小呢？首先，它们的确很小。生活中的每一块物质都含有数目极其惊人的原子，为了让大家清晰地感受到这一点，我们不妨拿开尔文勋爵[1]引用的例子作个形象的说明：如果给一杯水中的所有分子都做上记号，再把这杯水倒进海洋，经过彻底搅拌后使得这杯水均匀地分布在世界七大洋中；如果你从海洋中的随意一处舀出一杯水来，将会发现这杯水中大约有 100 个有记号的分子[2]。

---

[1] William Thomson Kelvin（1824—1907），英国物理学家，热力学第二定律的两个发现者之一，在电磁学领域（包括电磁测量、电工仪器等方面）也有重要贡献，是大西洋海底电缆的制造者。

[2] 当然，你不会正好找到 100 个（即使这个结果是经过精确计算的）。你可能找到 88 个、95 个、107 个或 112 个，但也不会少于 50 个或多到 150 个。预期“偏差”或“涨落”是 100 的平方根，即 10 个。统计学家是这样来表达的：你将找到 100 ± 10 个。这个注释可以忽略，后面还会提到的。它为统计学的 $\sqrt{n}$ 律提供了一个例子。

原子的实际大小是黄色波长的 1/5000 到 1/2000 之间[1]。通过对这个数据的比较，可以大概辨认出在显微镜下最小微粒的大小。即便是这么小的微粒，它的体积里面还包含着数十亿个原子。

那么，为什么原子会这么小呢？

很显然，只从表面回答这个问题是行不通的，因为问题的真正目的并不在于原子的大小，而是有机体的大小，尤其是我们自己身体的大小。如果我们用日常的长度单位衡量时，比如码（1 码约为 0.9144 米）或米，原子的确非常小。而在原子物理学中，物理学家们通常用埃（符号为 Å）为单位来度量，这是 1 米的百亿分之一，如果以十进位小数计算则是 0.000 000 000 1 米。原子的直径则是在 1～2 埃的范围内。我们身体的大小与日常的长度单位是紧密相关的。有一个传说，码来源于一个英国国王的幽默故事。当身边的大臣问他采用什么度量单位时，他随意地把手臂伸出来说："从我的胸部中央到手指尖的长度，就把它作为度量单位吧。"这个故事是真是假，我们暂且不论，但它对我们来说的意义在于：国王无意中就提出了一个与自己身体相比拟的长度，他明白用其他的东西做单位是很不方便的。因此，

[1] 根据目前的看法，一个原子是没有明确界限的，因而一个原子的"大小"并不是含义十分确切的概念。不过我们可以用固体或液体内原子中心之间的距离来确定它（或者来代替它）。当然，不是在气体状态，因为在常温常压下，气态中的这个距离几乎要大 10 倍。

尽管物理学家对“埃”这个单位情有独钟，但是当他选择做一件新衣服的时候，他还是宁愿别人告诉他用六码半（约为 5.9436 米）的布料而不是 650 亿埃。

所以，我们提出的问题的真正目的在于两种长度的比例——一种是我们身体的长度，一种是原子的长度。鉴于原子是一种特殊的独立存在体，我们可以反过来提问：与原子相比，为什么我们的身体这么长？

不难想象，有很多聪慧过人的物理系和化学系的学生对下面的事实感到十分遗憾。许许多多的感觉器官构成了我们身体的重要部位，然而从组成的比例来看，它们又是由数以万计的原子组成的；因此，感觉器官在感受单个原子的碰撞方面就显得有些粗糙和不灵敏了。我们看不见单个原子，更摸不着也听不见。假说中的原子和我们迟钝的感觉器官直接感受到的东西是不同的，而且也不能通过直接的观察就能检验到原子。

一定是上文所说的那样吗？是不是有内在的原因可以解释这个现象？为了能够理解并阐释清楚感觉器官和大自然的规律之间的相斥，我们可以追溯到某种第一性的原理吗？对上面问题的疑问，物理学家的回答是肯定的，这是他们所能彻底搞清楚的一个问题。

5. 有机体的活动需要精确的物理学定律

如果生命有机体的感觉器官十分灵敏，而不是那么迟钝，那么我们的感觉器官就很容易感觉单个原子或者少数几个原子的印象了。如果真的是那样，生命将会是什么样子呢？我先郑重其事地声明一点：毫无疑问，那样一种有机体是绝不会发展出有序的思维的。而这种有序思维历经漫长的时间才能最终形成原子的观念以及其他观念。

虽然我们只是列举了感觉器官，其实以下的讨论对于大脑和感觉器官以外的诸多器官功能也是可以解释的。对于我们每个个体而言，最能引起我们兴趣的还是：感觉、思维和知觉是如何在我们身上发生作用的。在思维和知觉的过程中，大脑和感觉系统起主要的作用，其他器官的功能只不过起辅助作用罢了。也许从纯粹客观的生物学视角来看不是这样，但至少从我们人类的观点来看确实是这样的。这种认识有利于我们选择一种与人类认识紧密相伴的过程进行研究，即使我们对这一过程的性质知之甚少。实际上就我个人来看，这已经远远超出了自然科学的范围之外，甚至也完全超出了人类理性所能达到的极限。

让我们继续讨论下面的问题：为什么诸如人类大脑之类的感觉器官以及附属于它的感觉系统必须由大量的原子组成？大脑以及它直接与周围环境相互作用的某些外围部分，与一个精致灵敏地反映和记录外界单个原子碰撞的机器相比，为什么它们之间的差异这么大呢？

我想有两个理由可以解释：第一，被我们津津乐道的思想本身就是一个有秩序的体系；第二，思想只能是建筑在有一定秩序性的知觉或经验之上的。于是便产生了两个结果：其一，思想必定是与相对应的躯体组织紧密相关，鉴于思想的秩序性，躯体组织也一定是十分有秩序的，在其内部发生的事件一定遵守着某些严格准确的物理学定律；其二，与相应思想的知觉和经验相对应，外界物体对于具有良好组织的躯体所产生的反应，是我所说的思想的资料。由此看来，这个躯体系统和外界物体之间的相互作用具有物理学的秩序性，即它们必须遵循严格、准确的物理学定律。

6. 物理学定律是以原子统计力学为根据的，因而只是近似的

对于一个或者几个原子的碰撞很敏感的有机体——仅由少量

原子构成，为什么不能达到上述的目标呢？

所有的原子每时每刻都在进行着没有秩序的热运动，这一点是我们共认的。由于这种混乱无序的运动掩盖了它们有秩序的运动，使得即使有少量原子做有规律的运动也不能显示出来。统计学定律在无数原子的运动中开始影响和控制这些系统的运动，其精确性随着系统中囊括原子数目的增加而增加。于是，可观察到的事件由于这样的路径而获得了有序性。从而我们知道，在有机体的生命过程中发挥重要作用的物理学和化学定律都包含于统计性规律中；原子的不停的无序运动，总是把人们设想的任何规律和秩序都打乱或者使其失去效用。

7. 它们的精确性是以大量原子的介入为基础的第一个例子（顺磁性）

说到这里，我不妨用几个例子来说明这点。以下是从众多的例子中随意挑选出来的几个，对于初次涉及自然科学的读者来说不一定是最好的例子。自然界的状况在现代物理学和化学中是最基本的概念，就像生物学中有机体是由细胞构成的，或者天文学中的牛顿定律，甚至数学中的自然数数列 1，2，3，4，5，…等基本事实一样。因此，我并不奢望一个初涉这一问题的读者读了下面几页就能彻底理解和解释这个问题。这个问题是与路德维希·玻尔兹曼[1]、威拉德·吉布斯[2]的光辉名字联系在一起的，在教科书中称之为“统计热力学”。

如果在一个长方形石英管里注入氧气，并且把它放进磁场，你就会发现气体被磁化了[3]。由于氧分子是一些小的磁体，于是它们就会像指南针似的始终与磁场保持平行的趋势，这样我们就看见了气体磁化的现象（图 1）。也许你会误认为它们都与磁场的单一方向平行，其实不是这样的。因为如果你增加磁场，氧气中的磁化作用也

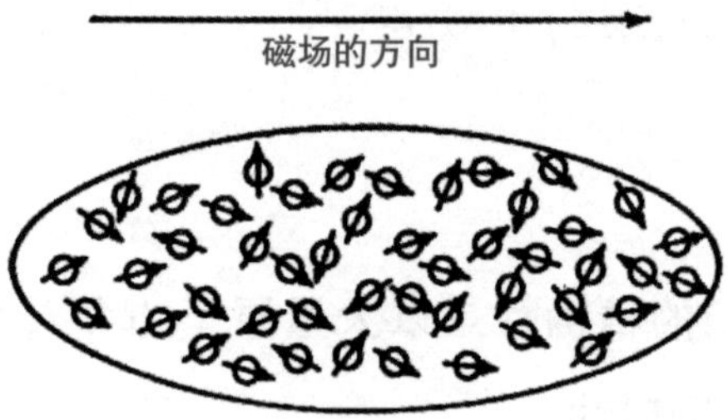

图 1　顺磁性

[1] Ludwig Edward Boltzmann（1844—1906），奥地利物理学家，原子论的积极维护者，统计物理学的重要奠基人。他建立了气体分子运动论，并提出了热力学熵同宏观态所对应的可能的微观态数目的关系。

[2] Josiah Willard Gibbs（1839—1903），美国物理学家，化学热力学的创立者之一，引入统计系统的方法，建立了经典平衡态统计力学的系统理论。

[3] 选用气体是由于它比固体或液体更单纯，这种情况下的磁化作用是极弱的，但无碍于理论上的考察。

随之增强，更多的氧气分子就会趋向于这个方向。磁化效应会随着磁场强度的增加而增强，它们之间是一种正比例的关系。

这个例子是纯粹统计定律中最为清楚明晰的。一方面，磁场总是向着确定的方向变化，另一方面它却不断地遭到热运动的随机取向的干扰。于是，这种不同取向的斗争最后使得磁偶极子轴（氧分子小磁体的南北极轴）同方向间的夹角小于 90°，并且这种情况远远超过大于 90° 的情况。尽管正如前文所说，单个原子总是无休止地改变取向，然而由于它们数量巨大，所以从大体上去看，趋向于场的方向并与场强成比例的趋向是比较明显的。这种突破性的解释是由法国物理学家 P. 郎之万[1] 做出的。理论上的解释还可以通过下面的方法来验证：如果我们看到的弱磁化现象确实是两种相互排斥的趋势平衡的结果，并且使得大部分分子平行于磁场，而在这其中存在着热运动的随机取向干扰，因此我们可以尝试通过降低温度来代替加强磁场。从理论上来讲，这是有可能的。实验也证实了这一点，磁化作用与绝对温度成反比，与理论预期大体上相符。现代科学实验的装备可以把热运动降低到我们难以想象的地步，从而可以使我们更加直观地发现磁场的完全取向效应。即便不是完全的取向效应，至少也是部分的“完全磁化”。随着场强的增大，磁化作用的

[1] Paul Langevin（1872—1946），法国物理学家，发展了布朗运动的涨落理论，提出了磁性理论，对于狭义相对论也有重要贡献。

增强并没有进一步提高，反而越来越少，接近于“饱和”了。这种理论上的期望也在实验中有所证实了。

不过，我们不能忽视的一点是，以上情况的出现受磁化作用时参与其中的分子数量的限制。如果没有这一限制的话，那么磁化就不是恒定的了，而是无休止的不规则变动。这是热运动与磁场之间相互作用制衡的有力证明。

8. 第二个例子（布朗运动，扩散）

把微小水珠组成的雾气装进一个密封的玻璃容器内，你会发现雾气的上方部位有下沉的迹象（图 2），下沉的速度与空气的黏度和水珠的大小、相对密度紧密相关。但是，当你在显微镜下面观察雾气中的一个水珠时，却是另外一番景象：不是按照一定的速度下沉，而是做不规则的运动（图 3），也就是我们所说的布朗运动。大体去看，这种运动才是一种有规则的下沉。

这些微小的水珠不是原子，但是它们又小巧又轻盈，可以直观地感受到单个分子冲击它们的表面。于是，它们就这样被撞来撞去，忽上忽下，忽左忽右，只有大体上来说才有受重力影响的下沉趋势。

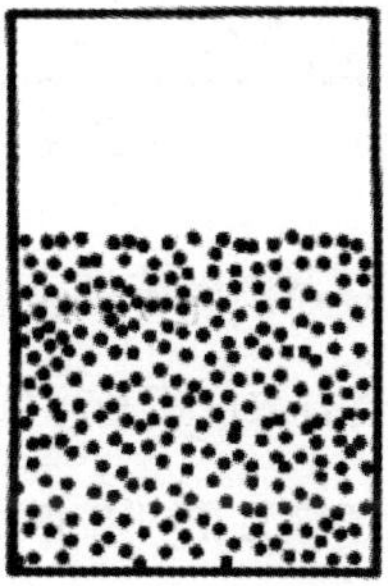

图 2　沉降的雾　　图 3　下沉微滴的布朗运动

雾气水珠的例子可以很好地说明人类感官也是可以感受到分子的运动或碰撞的，从而我们将会有多么丰富奇特的经验啊！像细菌这样的有机体，体积如此之小，受到这种现象的影响更是不在话下。它们的运动受制于周围环境的分子热运动，而自身却没有多少自由选择的余地。好奇的人们会猜想，如果它们自己有点动力的话，能否从一处到达另一处？这显然是有很大困难的，因为处于热运动的洪流中，它们就像惊涛骇浪中的一叶扁舟只能随波逐流。

与布朗运动十分相似的是扩散现象。在一个装满清水的容器

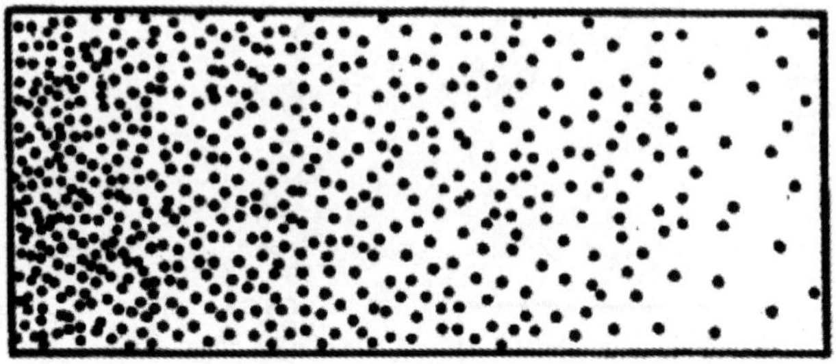

图 4　在不均匀浓度的溶液中，从左到右地扩散

中，溶解少量的高锰酸钾，并使得容器内的浓度不同，如图 4 所示，小点代表高锰酸钾分子，从左至右浓度逐渐降低。这个时候，你若弃之不理的话，容器中就开始了缓慢的“扩散”现象。高锰酸钾将从左向右散布过去，从高浓度向低浓度散布，直到均匀地分布在容器中。

在这个简单无趣的过程中，需要注意一点，高锰酸钾不是人们设想的那样，在一种单一趋势或力量的驱使下从高浓度向低浓度的地方涌去，就像通常国家的人口由稠密的地区向稀疏的地区流动一样。事实上，高锰酸钾液体并不是那样的。每一个高锰酸钾分子对于其他的分子而言，都是各自独立并非发生碰撞的。可是，每一个高锰酸钾分子却遭受到水分子的连续撞击，向着不确定的方向蔓延——一会儿朝着高浓度的方向，一会儿朝着低浓度的方向，一会儿则斜向移动。这就像蒙住眼睛运动的人，充满了“行走”的欲望，但却没有特定的方向，不断地改变着他的路线。

虽然高锰酸钾分子进行着无规则的运动，但是总体上还是朝着低浓度的方向移动，从而使得最后容器内的浓度几乎处处相等。这似乎是一个令人大为不解的问题，其实不然。如果你把图 4 想象为一层浓度恒定的薄片，考察某一瞬间某一薄片的高锰酸钾分子的运动，由于随机而动，每一分子被带到左边或右边的概率是相等的。正是由于这一点，我们可以假想在两层薄片之间存在某一平面的分子，由于左面比右面有更多的分子参与随机运动，因此来自左面的分子比右面的多。继而，总体上将会表现出一种从左至右的流动，这种流动的大体趋势是明确的，直至均匀分布。

如果想用数学语言来表达这些想法的话，偏微分方程可以精确地反映扩散定律。

我不想用生硬晦涩的专业术语来向读者解释什么，即便它的含义也可以用普通的语言来描述[1]。之所以提到严格的数学定律，是为了说明当它适用于每一个具体的情况时，物理上的精确性是不一定能保证的。由于以纯概率论为理论基础，因而它的精确性只是近似的。照此说来，如果它是一个完美的近似，那也是由于

[1] 就是说，在任何一点上的浓度都按一定的变化率随时间增加（或减少），这种变化率是同该点无限小的环境内浓度在空间中的变化成比例的。顺便讲一下，热传导定律正是这个形式。只要用“温度”代替“浓度”就可以了。

在扩散现象中有不计其数的分子参与这一运动的缘故。由此不难想到，如果分子的数目很少的话，这种在适当条件下可以观察到的偏差就更大了。

9. 测量准确性的限度——第三个例子

我所举的最后一个例子和第二个例子有些相似，但有它特殊的意义。设想悬挂在纤细的绳子上保持平衡的轻小物体，使用电力、磁力或者重力都能使它围绕着绳子旋转。于是，物理学家就按照这种方法测量使它偏离平衡位置的微弱的力。当然，这种轻巧物理必须根据具体的目标而适当选择。在使用和调节“扭力天平”的准确度时，会发现一个有趣的极限。如果使用越来越轻巧的物体或者更加细长的绳子，这个天平能感应到越来越弱的力。悬挂的物体如果能感受到周围分子热运动的冲击，在它的平衡位置附近开始像第二个例子中雾气的水珠那样不停地、没有规律地“跳舞”时，测量的精确度就达到了最完美的状态。这样做没有给天平的测量准确性带来任何绝对的限制，但它却揭示了具体现象中实际存在的极限。热运动的无规则的效应和这里的测量微弱的力的效应相互干扰，使得我们观察到的每个偏差值失去了意义。那么你想避免容器中的布朗运动影响的话，不妨多作几次观察实验。在目前的所有研究中，我认为这个例子是最有启发性的。我们的感觉器官相当于科学实验中的一种仪器，如果它变得过度灵敏的话，也是一件可怕而没有意义的事情。

10. $\sqrt{n}$ 律

举了这么多例子，到此为止吧。我想补充一点，同有机体内部有关的或者有机体与环境相互作用有关的物理学、化学定律，都是可以作为例子在这里解释的。可能这些其他例子的解释更为复杂，但是关键部分都是大同小异，举再多的例子就会变得烦琐无味了。

但是，有一个非常重要的定量规律不得不说，即所谓的律，这是一个关于物理学定律的不准确度的期望值。先找个具体事例解释，然后再进行普遍的概括。

假如我现在告诉你，在一定的压力和温度下，某气体具有一定的密度，或者说，在此条件下，某气体的体积内（这个体积的大小适合实验的需要）正好有 n 个气体分子。如果能够在某一瞬间进行检验，你将会发现这个说法是不准确的，存在着偏差，这个偏差就是$\sqrt{n}$的量级。因此，如果数目 n =100，你会发现偏差大约是 10，相对误差为 10%。可是，如果 n =100 000，你会发现偏差大约是1000，相对误差为0.1%。大体来讲，这个统计规律是普遍成立的。物理学和物理化学的定律并不是千真万确的，存在一定的相对误差，且这个相对误差的范围在$1/\sqrt{n}$内。这里的n是指在理论和实验的研究中，为了在一定的时间空间范围内使该定律生效而必须考虑的参与分子的数目。

因为我们可以看出，有机体的内在生命以及它同外部世界的相互作用，都能被精确的定律所概述，但这个前提是它自身必须有一个巨大的结构。如果没有足够的空间结构，参与合作的分子数目太少的话，“定律”也就不准确了。尤其要注意一点，这个定律出现了平方根。比如说，虽然1 000 000是个巨大的数目，但是精确性就只有1‰。这样的精确度对于一条自然定律来说还是远远不够的。

第二章

遗传机制

存在是永恒的；因为有许多法则保护了生命的宝藏；而宇宙从这些宝藏中汲取了美。

——歌德

1. 经典物理学家那些绝非无关紧要的设想是错误的

我们通常的一个结论是：有机体和它的全部生物学过程，必须有足够多的原子结构，必须避免出现偶然的单原子事件发挥关键作用。朴素物理学家们向我们传达的这一点是重要的，正是这样，我们才得以理解为什么有机体具有足够精确的物理学定律，并能按照这些定律实现其功能。按照生物学的观点来看，这些从物理学得出的观点与实际的生物学事实一致吗？

起初，人们总是认为这个结论没有什么重要性，这与30年前的生物学家的观点如出一辙。可是，在一般的通俗演说者看来，统计物理学对于有机体的重要性也同样适用于其他地方，因此，这个结论对于他们而言还是比较恰当的。对于任何高等生物的成年个体来说，它的躯体以及组成躯体的每一个单细胞都包含着“天文数字”般的各种原子。正如30年前所知道的那样，我们观察每一个特定的生理过程，不论在细胞内或是在细胞同周围环境的相互作用中，都是包含了那么多的原子和单原子的过程。这样的话就保证了物理学和物理化学的有关定律的一致性，即便是按照统计物理学的“大数”来要求，也是能够保证定律的有效性的。这种“大数”的要求就是刚才所说的定律。

现在我们清楚地知道了这个意见是不可行的，就像下面即将看到的那样，在有机体的体内有许多微小的原子团，这种微小的程度足以使得精确的统计学定律失效；但是它们在有秩序和有规律的事件中起着关键的支配作用。它们操控着有机体在发育过程中的可获得的大尺度性状，而这些可以观察到的大尺度性状直接决定了有机体发挥功能的重要特征。在所有这些有机体的生命运动中，生物学定律在其中彻底而精确地贯彻并显示着自身的魅力。

起始阶段，我必须概括地讲一点生物学，尤其是遗传学方面的情况；简而言之，我必须概括地说明这门学科的发展现状，虽然我不是这方面的专家。因此，我对自己的这些外行话深表歉意，对于生物学家们来说更是如此。另一方面，也请你们允许我介绍一下流行的观点，虽然这或多或少地带有些教条。我之所以这么说，是因为不能期望一个笨拙的理论物理学家对实验材料做出权威而全面的阐述；这些实验材料不仅来自大量日积月累的繁复试验，而且还来自精密的现代显微镜对实验对象的直接观察。

2. 遗传的密码本（染色体）

我们在生物学家称作“四维模式”[1] 的意义上使用有机体的“模式”，它不仅指成年有机体和任何有机体的任一发展阶段上的结构和功能，而且还指有机体开始复制自身时受精卵到成年阶段的个体发育的全过程。整个四维模式是由一个受精卵细胞的结构决定的，准确地说，是由受精卵的很小一部分即它的细胞核决定的。这个细胞核在细胞的正常“休眠期”内显示为网状染色质[2]，分布在细胞内。但是在某些特殊的情况下（在有丝分裂和减数分裂的过程中，见下文）可以看到染色体——一组颗粒构成的、常呈纤维状或棒状的物质。它的数目有 8 条或是 12 条，而对于人来说则是 46 条[3]。把这些数字写成 2×4，2×6，…，2×23，…，并且按照生物学家的习惯命名称它们为两套染色体。单个染色体可以从它的大小或形状加以区分和辨认，但是这里的两套染色体却几乎是相同的。有意思的是，

---

[1] 生命物质的结构是三维的，这里沿用物理学的术语，把时间称为第四维，把随着时间变化的三维模式称为四维模式。

[2] 这个名词的意思是“染色的物质”，就是说，在显微技术所用的某种染色过程中，这种物质是可以被染色的。

[3] 原文此处是 48 条，已证明人的染色体是 46 条。

它们中的一套来自母体的卵细胞，另一套来自父体的精子。通过显微镜我们可以看到，这些染色体的轴状骨架纤丝部分包含了个体发育和成熟的全部模式密码。每一套染色体都含有全部密码，因此在原始阶段的受精卵里一般有密码的两个本子。

染色体的纤丝结构一般称为密码本，只要是一个有洞察力的人就可以根据卵的结构告诉你，在将来的适宜条件下这个卵发育成什么生物——是一只黑公鸡还是一只芦花母鸡，是成长中的一只苍蝇还是一棵玉米，一株石楠，一只甲虫，一只老鼠或是一个女人？而这些正是拉普拉斯决定论所阐述的因果关系。其实，还有一点拉普拉斯决定论没有谈到，那就是卵细胞的外观是很相似的；即便外观不是很相似，它们的密码结构也必定是大同小异的，差别仅在于一些卵细胞中包含的营养物质多些而已。

既然染色体结构是促使卵细胞发育的工具，那么简单地称其为“密码本”也许太狭隘了。法律条文与执行力的统一，建筑师同建造工人的合作，这些比喻化的说法也许更为贴切。

3. 通过细胞分裂（有丝分裂）的个体生长

在个体发育[1]的过程中，人们总是好奇地追问："染色体是怎样变化发展的呢？"

一个有机体的生长是由连续的细胞分裂引起的，这样的细胞分裂称为有丝分裂。我们的身体是由细胞组成的，但是有丝分裂不是人们所认为的那样是一件频繁发生的事情。在有丝分裂的开始阶段，细胞的生长是很迅速的。卵细胞分成 2 个子细胞，继而发育成 4 个细胞，然后是 8，16，32，64，…，在身体的不同部位，细胞的有丝分裂的频率是不同的，因此各个部位的细胞数目是不平衡的。通过计算，我们就可以知道卵细胞只要分裂 50 次或者 60 次就可以生成一个成人的细胞数[2]，甚至是这个数目的 10 倍，后面的数目包含了一生中更替的所有细胞。由此可以知道，我的一个体细胞仅仅只是原始卵细胞的第 50 代或 60 代的"后代"。

[1] 个体发育是指个体在一生中的发育，是同地质年代中与物种的系统发育相对立的一个概念。

[2] 有 10^{14} 个或 10^{15} 个。

4. 在有丝分裂中每个染色体是被复制的

在有丝分裂的过程中，每个染色体是怎样行动的呢？它们是被复制了，两套染色体和密码的两个拷贝都是被复制的。这个过程通过显微镜可以观察到，但是涉及的细节和面太广，就不一一细说了。尤为重要的一点是：两个“子细胞”中的每一个都得到了跟亲细胞准确相似的另外两套完整的染色体。因此，所有的体细胞都具有完全一样的染色体[1]。每个单细胞都具有密码本的全套复制，甚至有些无足轻重的单细胞也是如此。因此，虽然我们对这种机制了解不多，但是我们可以肯定它是通过某种途径同有机体的机能密切相关的。前不久，我们刚在报纸上看到蒙哥马利将军要求手下的每个士兵都仔细了解他在非洲的全部作战计划。如果是这样的话，正好为我的理论提供了一个美妙的类比——每个士兵其实相当于一个单细胞。我们对遗传机制的显著特点——有丝分裂的过程中每个单细胞始终保持着两套染色体感到惊诧不已；在后面的深入讨论中，才出现这种特点之外的情况。

[1] 请生物学家原谅，我在这个简短的叙述中没有提到嵌合体的例外情况。

5. 染色体数减半的细胞分裂（减数分裂）和受精（配子配合）

在个体发育刚刚开始的阶段，有一些细胞保留着，它们日后可以产生出成年个体繁殖所需要的配子。至于配子是精细胞还是卵细胞，就要视情况而定了。“保留”是指它们在这个阶段只进行仅有的几次有丝分裂，而不是用作其他目的。这些保留着的细胞，除了有丝分裂的方式外，还有减数分裂。通过减数分裂，保留着的细胞产生了配子。一般而言，减数分裂只在配子受精以前的很短时间里才会发生。发生的过程中，亲细胞的两套染色体分成两组，每一组染色体进入一个子细胞内，这便是所谓的配子。由此可以看出，减数分裂和有丝分裂的不同之处在于它的染色体总数保持不变，而有丝分裂的染色体数目加倍增长。也就是说，每个配子收到的染色体只有一组而不是两组，例如人只有 23 个，而不是 2×23=46 个。

只有一组染色体的细胞叫作单倍体。因此，配子是单倍体，而通常的体细胞是二倍体。有三组、四组或者多组染色体的体细胞就叫作三倍体、四倍体或者多倍体。

在配子的配合中，雄配子（精子）和雌配子（卵子）都是单倍体，结合而成的受精卵是双倍体。其中的染色体组，一半来自母体，一半来自父体。

6. 单倍体个体

染色体的每一个单组里都包含着全部的密码信息，这是我们所作研究得出的结论。当然，也有一些减数分裂后并不立即受精的情况。单倍体细胞虽然经历了多次有丝分裂，但结果全是单倍体的个体，雄蜂就是一个例子。雄蜂是一个雌配子生殖产生的，它没有父亲，它的体细胞都是单倍体。实际上，从雄蜂一生中的唯一任务来看，我们不妨称它为一个大精子。然而，这个观点也许并不很准确。很多植物通过减数分裂产生单倍体配子，我们称其为孢子。孢子落在地上，就像种子一样发育成真正的单倍体植物，其大小与二倍体相当。图 5 是森林中的一种苔藓植物的草图。在底部是长有叶片的单倍体植物，叫配子体；在它的顶部发育成了性器官和配子，按照相互受精的方式产生了二倍体植物。在茎的顶部有荚，称为孢子囊。孢子囊通过减数分裂可以产生孢子，因而这个二倍体植物称为孢子体。当孢子囊张开的时候，孢子便落地发育成有叶片的

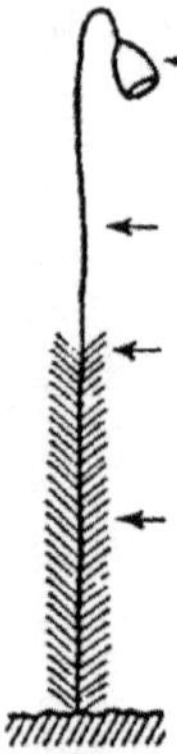

图 5　世代交替

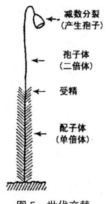

茎，如此不断地往复。以上事件的连续过程称之为世代交替。只要你愿意，你也可以认为人和动物也是这样的。我们的身体就相当于孢子体，我们的孢子就是上面所说的保留着的细胞，通过这些细胞的减数分裂产生出单细胞。

7. 减数分裂的突出性质

对于个体的生殖繁育而言，最为重要的且起决定作用的事件不是受精而是减数分裂。一组染色体来自父体，另一组染色体来自母体，这是谁都无法干预的事情。每个男人正好一半遗传自他的父亲，一半遗传自他的母亲。女人也一样。至于父亲的遗传占优势还是母亲的遗传占优势，那是另外一个问题了，留待以后会讲到。

可是，当你把遗传的起源追溯到你的祖父母时，情况就不一样了。先把注意力放在父亲的那一套染色体，特别是其中的一条，比如第 5 号染色体。这条染色体要么是我父亲从他的父亲那里得来的精确的复制品，要么是我父亲从他的母亲那里得到的精确复制品。1886 年 11 月，在父亲的体内发生了减数分裂，产生了一个精子。几天以后，这个精子在我的诞生过程中发挥了关键作用。但究竟是祖父的还是祖母的复制品包含在这个精子里，其概率是 50∶50。我父亲的染色体组的第 1，第 2，第 3，…，第 23 号染色体都如上面所说的那样，母亲的每一条染色体也随之做出相应的修正。所有 46 条染色体都是相互独立的，即使父亲的第 5 号染色体来自我的祖父约瑟夫·薛定谔，第 7 号染色体究竟是来自我的祖父还是祖母玛丽·尼玻格娜，它们的概率其实是相等的。[1]

8. 交换，特性的定位

纯粹的概率事件在后代的成长中将会看到更多的祖先遗传特性的混合。上面的讨论中，我们假设染色体是一个整体，要么来

[1] 现已知道 Y 染色体一定来自祖父。

自祖父，要么来自祖母。简而言之，单个染色体是整个地遗传下去的。然而，事实上并不是这样的，染色体并不是整个地全部遗传下去。在减数分裂中，来自父体的同源染色体彼此连在一起，在分离之前有时整段地进行交换，图 6 表明了交换的方式。通过交换，染色体不同部位上的特性就会在孙子那一代各自分离，使得兼有祖父和祖母的特性。正是由于这种交换，虽然既不多见也不频繁，但却为我们提供了高贵的染色体定位信息。

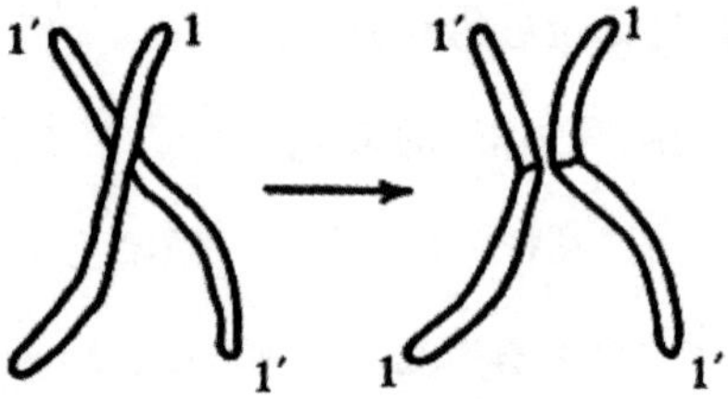

图 6　交换。左：在接触中的两个同源染色体。右：交换和分离以后

如果没有交换，同一条染色体的编码的两个特性会永远一起遗传给后代。不同染色体的两个特性以 50∶50 的概率被分开，这样的话两条染色体不会一起传给下一代。交换打乱了这样的规律和概率。从繁育试验中我们可以确定交换的概率：位于同一条染色体上的两个特性之间的“连锁”被交换打断的次数越少，它们就会越靠近。因为靠得越近，形成交换点的机会就越少，而染色体上位于两端的远处特性就被分离开来。

在不同的群体试验中，检验的特性确定也被分成了几个群，群与群之间没有连锁，就像是几条不同的染色体被分开归类一样。每个群可以画出反映特性分布的直线图，它定量地说明了该群内任何两个性状之间的连锁程度。所以，这些特性是有准确的定位的，沿着一条直线分布，就像棒状的染色体那样。

当然，这种直线式的描绘还是比较空洞甚至是过于简单的。我们并没有充分说明通过特性可以知道些什么，统一的“整体”有机模式被我们人为地分解成了“特性”，这不是妥当和可能的方法。在具体的实例中，如祖先在某些方面确实存在着差别（比如，一个是蓝色眼睛，另一个是棕色眼睛），那么其后代要么继承这个，要么继承那个。我们就是要找到这差别的位置，专业术语称为“位点”，相对应的物质称为“基因”。我认为，特性的差别是比特性本身更为基本的概念，虽然这样的说法本身就是一个逻辑与语意的混乱。特性的差别实际上是不连续的，这一点在下面的章节谈到突变的时候就会涉及。

9. 基因的最大体积

基因这个名词已经给大家介绍过了，我们把它作为一定的遗传物质的载体。接着，我们从两个方面继续深入谈谈它的特征。

第一是基因本身的大小，也就是说如果我们要对它进行定位的话，它的体积可以达到多小的范围；第二是基因的持久性如何，我们怎样从遗传模式的维持时间中推断出来。

对于基因的体积，我们可以采用两种方法来估量。一种是繁育试验的方法，一种是直接的显微镜观察。第一种就是采用上面讲过的方法，把许多不相同的性状（以果蝇为例）定位在染色体上，测量染色体的长度并除以性状的个数，再乘以染色体的横截面积即可。但是，由于只有进行交换并使得染色体偶然分离的性状才算是不同的性状，所以它们不能代表全部微观的或分子的结构。另外，用这种方法估算出来的体积是最大体积，因为随着遗传学分析而不断分离出来的性状数目在不断增加。

另一种方法是直接在显微镜下面进行观察，实际上也不是直接的估算。果蝇的某些细胞由于某种原因是大大增加了的，染色体也是这样。在染色体上，你可以看到深色横纹的密集图案，这些横纹的数目大致有 2000 个，大体上和繁育试验得出的基因数目相等。C. D. 达林顿曾经研究得出了上面的结论，他还倾向于认为横纹带的存在就是实际的基因数目。测量出细胞染色体的长度，直接除以横纹的数目（2000）就代表了基因的大小。按照这种方法，他得出一个基因的体积大概相当于一个边长为 300 埃的立方体。鉴于这种方法的不精确性，我们认为这与第一种方法得出的体积不相上下。

10. 小的数量

下面我们用统计物理学对上面的结论和事实作一个解释。首先我们应注意一个事实，即在液体或固体中 300 埃相当于 100 个或者 150 个原子的距离。所以，一个基因包含的原子不会超出 100 万或几百万个。如果要遗传一种遵循统计物理学的行为，从这个观点来看这个数目是太小了。即便所有的原子都起作用，就像在气体或液体中那样，这个数目还是太少。基因不是一滴液体，它更可能是一个大的蛋白质分子[1]，分子中的每一个原子，每一个自由基，每一个杂合环都起着各自的作用，这些作用与其他类似的原子、自由基和杂合环是不同的。这是霍尔顿和达林顿等遗传学权威的意见，我们马上就要进行验证这些权威意见的试验了。

11. 持久性

现在讨论第二个问题：遗传特性可以保持多长时间不变，携

[1] 现在已经知道，基因不是蛋白质分子而是核酸分子。

带这些遗传特性的物质结构是怎样的呢？

回答这个问题很简单，不需要专门的研究。因为遗传这个词本身就告诉我们不变性是持久永恒的。父母传给子女的并不是这个或者那个具有明显个人特征的性状，比如鹰钩鼻、短手指、血友病、风湿症、色盲等。我们可以直接选择这些性状来研究遗传规律，但是遗传性状实际上不仅仅是指个体明显的外在特征，它更是一种表型的综合模式。它们经历了若干世代，被完整地传下来，并没有可以观察到的明显变化。尽管不能说它们是几万年不变，但至少在几百年内是不变的。合成受精卵的两个细胞核的物质结构在传递的过程中，承载着遗传性状，几乎每次传递都是这样。这不能不说是一个奇迹。不过，人类的整个生命的延续依赖遗传的神奇作用，而我们又运用认知能力获取关于这种奇迹的知识，我想这是一个更伟大的奇迹了。

第三章

突变

变幻中徘徊之物，固定于永恒的思想中。

——歌德

1.“跳跃式”的突变——自然选择的工作场地

前面我们论证基因结构的持久性，提出了一般的论据，但仅有此并不具备强烈的说服力。“例外提供了法则的证明”，如果子女与父母之间的相似性没有例外的话，我们就不会潜心研究微观的遗传机制，更不会去揭示宏观的自然选择原理。

我把刚刚提到的自然选择作为介绍有关实验的导引。我们知道达尔文犯了一个巨大的错误，他把在最单一的群体中也会出现的细微、偶然的连续变异当作是自然选择的题中之意。这种错误的想法被后来的实验证实了，因为有些变异确实是不遗传的。打个比方，如果拿来一捆纯种的大麦，测量每一个麦穗的麦芒长度，然后根据这些数据作图，如图 7 所示。这是以麦穗数相对于麦芒的长度而作的图。中等长度占优势，长度增加和长度减少，麦穗数都要减少。把麦芒超过平均长度的麦穗拿出来（图中涂黑色的那一组），把它们的种子播种并等候其长出来。对新长出来的大麦作同样的统计，我们按照达尔文的理论将会预期一条极大值向右方移动的曲线。也就是说，他可以通过选择来增加麦芒的平均长度。但是如果选用的是绝对纯种的大麦，就不会是这种情况了。

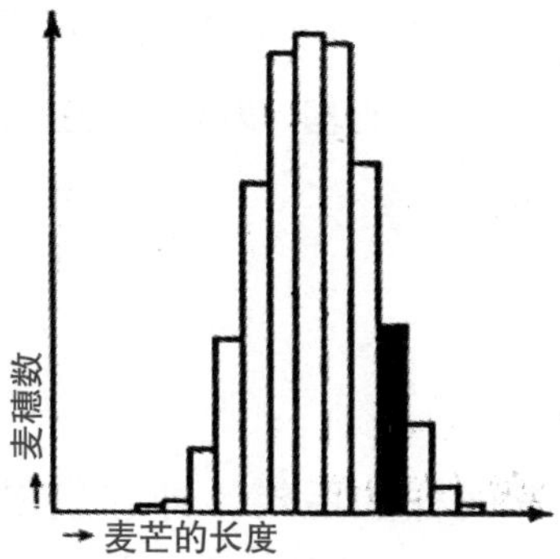

图 7　纯种大麦的麦芒长度的统计。涂黑色的那组是选做播种的（本图细节并不是根据实际实验画出的，仅作说明之用）

选择出来的大麦播种，经过统计作图，与第一条曲线是一样的。如果选择麦芒特别短的做实验，进行统计作图后也是一样的。细微的、连续的变异是不遗传的，因此选择没有效果。这些变化不是以遗传物质的结构为基础的，它们是偶然出现的。但是，在上面的讨论中，我们忽视了突变。40 多年前，荷兰人雨果·德·弗里斯（Hugo de Vries）发现，在完全纯种繁殖的后代中也有极少数的例外个体，比如有几万分之二三的概率，它们身上出现了细微但却是“跳跃式”的变化。这种“跳跃式”的变化不一定非常大，但却是一种不连续的变化——在没有改变和改变之间没有过渡形式，所以弗里斯称之为突变。突变的理论容易使一个物理学家想起量子论——在两个相邻的能量级之间没有中间能量，因此他愿意把弗里斯的突变理论称为生物学的量子论。事实上，突变是由基因分子中的量子跃迁而引起的。1902年，当弗里斯第一次发表他的理论观点时，量子论问世仅有两年时间。因此，由另一代学者去发现两者之间的关系也就是很正常的了。

2. 它们生育同样的后代，即它们是完全地遗传了下来

就像一直没有改变的特性一样，突变也是可以完全地遗传下去的。例如，上面提到的大麦，在它的首次收获中可以找到一些麦穗的麦芒，它们会超过图7所展示的变异范围，完全没有麦芒就是一个例子。这就是弗里斯所说的突变，它们的后代将都没有麦芒，完全一样。

因此，弗里斯的突变一定是遗传学机制中的一种变化，它必须也只能由遗传学的变化来做出科学合理的解释。实际上，繁育试验给我们展示了遗传机制的重要秘密，它采取的方法就是研究分析杂交后获得的后代，这些后代是由已经突变的个体和没有突变的个体或具有多重突变的个体杂交而来。另一方面，达尔文曾经论述到的自然选择的原料，在繁育过程中后代与祖先出现的相似中得到了进一步的验证。“优胜劣汰，适者生存”的法则在新物

种的产生中得到了体现。因此，只要我用“突变”来替代“细微的偶然变异”，就是正确表达了多数生物学家的观点和理论，这其中自然也包括达尔文——除了“突变”的出现之外，他的学说中的其他方面无须修改[1]。

3. 定位，隐性和显性

我们再对突变的其他事实和概念进行有益的探索和讨论，虽然是形式化的评论，但也不需要直接说明它们是如何从实验数据中推导出来的。

一条染色体在其自身所在区域内发生突变是可以被我们直接观察到，并得以确认的。与这条染色体的变化相比较，同源染色体的对应位置上没有发生一点变化（图 8 给出了示意图，

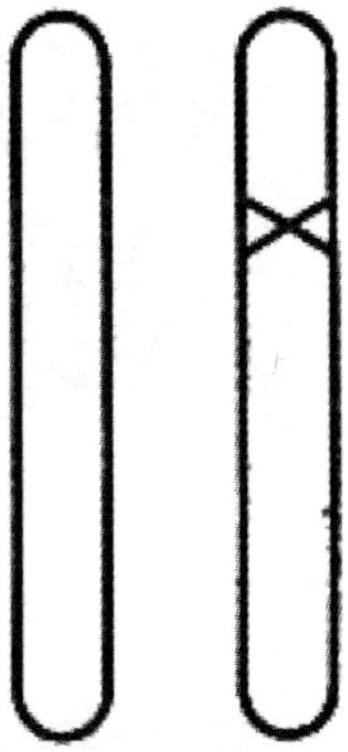

图 8 杂合的突变体。× 标明突变的基因

[1] 朝着有用或有利方向发生突变的明显趋向，是否有助于（如果不是替代）自然选择，这个问题已作过充分讨论。我个人对这个问题的看法是无关紧要的；但有必要指出，后来大家都忽视了“定向突变”的可能性。此外，在这里我不能讨论“切换基因”和“微效基因”的作用，虽然它们对于选择和进化的实际机制是重要的。（切换基因是指使总发育体系改变发育途径的基因，微效基因是指一个基因对表型只有微小影响，但若干基因共同作用可控制性状。——译者注）

× 表示突变的位置），这一点是十分重要的。通常在后代中有一半的突变体性状可以直接显现出来，另一半则保持正常没有变化，这刚好证明了在突变个体与非突变个体的杂交中一条染色体受到突变的影响，而另一条染色体没有变异。这和理论的预期一样，证明了是突变体发生减数分裂时两条染色体互相分离的结果——如图 9 所示。这个图是一个“谱系”，一对染色体表示了三代连续的个体。如果个体的突变体的两条染色体发生突变的话，那么其子女全会得到相同的遗传性——与他们的父本、母本都不相同。

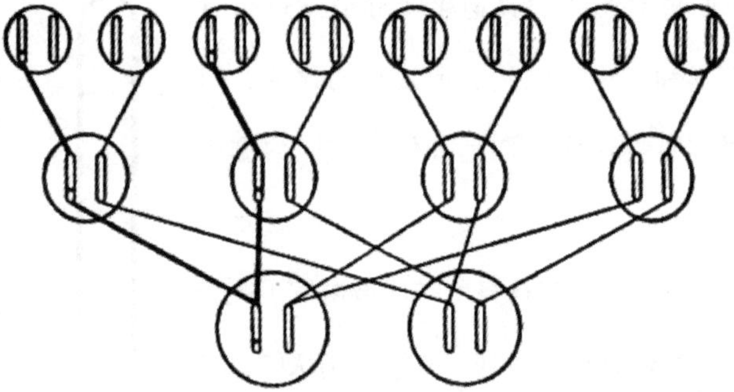

图 9　突变的基因。交叉的连线表示染色体的传递，双线表示突变染色体的传递。第三代的未说明来由的染色体来自图内未包括的其他第二代的配偶。假定这些配偶不是亲戚，也没有突变

然而，有一个无可争议的事实：这个领域内的实验十分复杂，并不是我们前面所说的那样简单。这是由于偶然性的突变发生的时候并非是显然的，而是潜移默化的。什么意思呢？偶尔也有这样的情况出现，突变体里的两份“遗传密码本的拷贝”有些出入；

至少发生突变的位置已经是两个不同的“密码”信息了。于是，有些人把原始的密码看作是“正统的”，把突变体的密码看作是“异端的”，这种认识是错误的；因为我们知道正常的突变也是从突变那里发展而来的。

在现实中，有两个版本，个体的“模式”在两者之中效仿一个。当然，这些版本可以是正常的，也可以是突变的。两者中被效仿的那个版本叫作显性，剩下的另一个版本叫作隐性。也就是说，根据模式的改变是否受到直接的突变，我们可以称之为显性突变或隐性突变。

隐性突变的概率有时甚至比显性突变要大，尽管它在突变开始发生的时候不明显，但它们的重要性是不言而喻的。只有两条染色体上都发生了隐性突变，才会影响到模式的改变（图 10）。两个等同的隐性突变相互杂交或一个突变体自交时，就会产生这样的个体；在雌雄同体的植物那里这种情况是经常发生的，甚至是自发产生的。在这种情况中，可以观察到有隐性突变的模式在后代中约占四分之一。

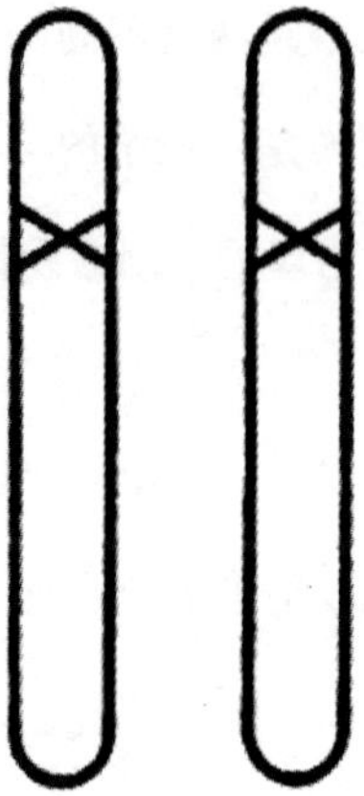

图 10　纯合突变体，是从杂合突变体（图 8）自体受精，或两个杂合突变体杂交产生的后代的四分之一的个体中获得

4. 介绍一些术语

解释一些专业术语，对于讲清问题还是有必要的。比如，在讲“密码的版本”——原始密码或者突变密码时，我实际上说的就是相同位置上的“等位基因”。如图 8 所示，密码的两个版本是不同的，相对于这个等位点来说个体就是杂合的。反之，如果这两个版本是完全相同的，如图 10 所示，这就是纯合的。于是我们可以看出，只有在纯合的情况下，模式的改变才是由隐性的等位基因所致。而在杂合个体或者纯全个体中的显性等位基因，都会产生相同的模式。

相对于白色来讲，只要有颜色，那几乎总是显性的。比如，豌豆的两个染色体，只有在其里面存有“白色的隐性等位基因”——也就是“白色纯合的”时候，它才会开出白色的花朵；它繁育出来的后代几乎都是一样的，都是开白色花朵的。但是，当一个“红色显性等位基因”（另一个基因是白色隐性的，个体是“杂合的”）出现时，它就会开出红色的花朵。如果有两个红色等位基因的话，那自然也是开红色的花朵了。由于杂合的红色可能会产生一些开白花的后代，而纯合的红色只能产生开红花的后代，所以上面说的后两种情况的差别只有在后代中才能显现出来。

有一个事实我们不容忽视，那就是外观上十分相似的两个个体，它们的遗传基因却有可能大不相同。所以，我们在探讨的时候需要明确区分。按照遗传学家们的惯常说法，它们的表现型虽然相同，但是遗传型却是不同的。

总结一下，我们可以用专业术语将前面几节的内容简短地概括为：

隐性等位基因只有在一种情况下才能影响遗传基因的表现型，那就是当这个遗传基因是纯合的时候。

这些专业性的说法，我们在后面还会遇到，在必要的时候我会向读者重申它的含义。

5. 近亲繁殖的有害效应

只要发生隐性突变的个体是杂合的，自然选择就对它们毫无作用。一般而言，突变的发生往往都是有害的，只是由于它们是潜在的，因而自然选择一直没有消除它们。从某种程度上来说，长时间积累起来的有害突变是不会立刻造成明显的损害的。不幸的是，它们一定会把这种有害的基因传递给后代中的一半个体。有害基因的遗传规律对人、家禽、家畜或我们关心的其他物种的体质来说，都有着至关重要的应用。在图 9 中，假定一个男人（说具体些，比如我自己）在杂合的状态下，基因中携带有一个隐性的有害突变，正如前文所言，它不会在我身上明显地表现出来。如果这种突变没有出现在我的妻子身上的话，那么，我的一半数量的子女中（图 9 中的第二排）将会带有这种杂合的有害的隐性突变。如果我这样的子女与没有突变基因的配偶结婚（为了避免混淆，在图 9 中子女的配偶被省略了），那么，我的孙子、孙女中将会有 1/4 的人数将会受到以同样的方式来自遗传的有害突变的影响。

只有具有同样有害的隐性基因的个体互相杂交，后代的身上才会明显地表现出这种有害的危险。稍微回顾一下上文的内容，我们就可以知道这样杂交的结果会导致他们的后代中将有 1/4 的数量是纯合的，与之而来的则是危害性的表现。仅次于自体受精——这种情况只会出现在雌雄同株的植物上，与其相比，最大的危险是我的子女之间通婚。他们中的每一个人有没有这种隐性的潜在危害的机会是相等的，因此乱伦结合的话，其中有 1/4 是危险的，他们的后代中有 1/4 将表现出隐性基因的危害。因此，对于每一个乱伦生下来的孩子来说，其身上含有的危险因子的概率是 1/16[1]。

同样的道理，我的两个“纯血缘的”孙儿、孙女结婚生下的后代的危险因子是 1：64。这种事情的发生似乎不太可能，但事实上这样的婚姻经常发生。可是，根据前面所分析过的理论依据，在祖代的配偶（“我和我的妻子”）中，一方已经带有一个可能的潜在危害的后果。事实上，他们两个人藏有的潜在的缺陷数目远远超过了一个。如果已经知道你身上有一个隐性的缺陷基因，那么就可以推断出，在你的 8 个堂、表兄妹之间也一定有一个是带有这种缺陷的。根据动植物的实验来看，隐性的危害基因中除了

[1] 如果父母一方带有隐性有害基因，他们的每个子女将有 1/2 的可能性带有隐性有害基因，第三代将有 1/4 的可能性带有隐性有害基因。进一步，如果这样的子女婚配，两人都带隐性有害基因的概率是 1/2 × 1/2=1/4；而这种结合使他们的子女表现出有害基因的纯合遗传型的概率又是 1/4，所以总的危险因子是 1/16。如果堂表兄妹婚配，两人都带隐性有害基因的概率是 1/4 × 1/4=1/16，同样计算得到危险因子 1/64。

严重的、比较罕见的缺陷外——当然它们的数目是很少的，还有许多较小的缺陷。这样的话，这些大小缺陷的概率加起来就必然导致整个近亲繁殖的后代出现危害性状的概率大为增加，甚至使得他们严重衰退恶化。历史上，斯巴达人用非常残忍的方式消灭了失败者，但是我们现代人是不能用那样的方法的，我们必须严肃对待人类中的这类事情。在人类社会中，最适者生存的自然选择要少了许多，甚至转向了反面。

6. 一般的和历史的陈述

在杂合的过程中，显性等位基因彻底掩盖了隐性等位基因，以至于我们很难发现会有什么样的效应出现。不过，这个令人惊奇的事实也有些许的例外。比方说，纯合的白色金鱼草与同样是纯合的深红色金鱼草杂交，它们的所有直接后代都是中间型的颜色，即不是预期的深红色而是粉红色的。还有一个更为重要的例子，那就是血型。我们在这里不再对两个等位基因分别同时显示它们的影响。如果最后的探讨得出的结论是隐性可以分成不同的等级，而且用来检查“表现型”的实验的灵敏度在此过程中发挥关键作用，则完全在我的意料之中。

在这里有必要谈谈早期遗传学的历史，在遗传规律的发现方面，尤其是关于显性基因和隐性基因的重要区别，G. 孟德尔（1822—1884）这位奥古斯丁教派的修道院长为其作出了巨大的贡献。对染色体与突变一无所知的孟德尔，在布隆（布尔诺）修道院的花园中，辛勤地播种着豌豆，来进行他所喜欢的实验。他栽种了几个不同品种的豌豆，让它们杂交，在它们成长的过程中注意观察各个后代的情况。实际上，在这个实验中，自然界中现成的突变体成了他实验的对象。1866 年，在“布隆自然研究者协会”的会报上，他发表了这次实验的结果。那个年代，几乎没有一个人对他的实验和实验结果感兴趣。然而，人们没有想到的是，这个修道士的发现后来成为当代最有活力的学科，甚至成为 20 世纪一门全新科学的纲领性原则。他曾经发表过的论文也被人遗忘了，直到 1900 年，阿姆斯特丹的弗里斯、维也纳的丘歇马克和柏林的柯灵斯三人同时各自独立地发现了这个结论，才被人们重新想起。

7. 作为一种罕有事件，突变具有其必要性

到目前为止，我们一直都在关注有害突变。这种类型的突变相比较而言出现的频率会多一些，更重要的是会产生有害的性状；但

我们也应该指出，有利突变的情形也是存在的。自发的突变是物种发展历史上的一个小插曲——以偶然的形式并且冒着存在有害因素而被自动消除的风险不断做出“尝试”。由此我们可以得知，自然选择可以把突变作为自己的合适原料，但这种突变必须得像自然界中发生的罕有事件。如果突变非常频繁的话，就会导致很多机会，比如说，在同一个生物体内出现了十几个不同的突变，而其中有害突变远远超过有利突变，那么，物种不仅没有得到改良，反而停滞不前，甚至走向衰亡。基因的保守性是显而易见并且是十分必要的，这得益于它高度的持久性。例如，一个大型制造厂在经营过程中，为了创造一种更好的生产方法大胆地革新，即使没有得到肯定，但却是必需的。不管其中的某些革新是促进生产力还是降低生产力，在一定的时间限度内只能采用一项革新而其他保持不变。

8. X 射线诱发的突变

有关遗传学的一系列实验研究，我们可以一一回顾，因为这些将证明前面所谈到的那些重要的特性。用 X 射线或 g 射线照射亲代，可以提高突变率，使得后代中的突变大于自然突变率所带来的突变。这种方式可以产生数量较多的突变，它与自然发生的相比，其实并没有多大的差异。因而，我们要想获得一种“自然”突变的话，不妨借用X射线的效用。

每一个特定的“转变”与正常的个体之间都存在一个“X射线系数”，可以使正常的个体变成一个特殊的突变体，反之亦然。这是我们经过无数次的X射线突变实验得出的结论。从生物学的角度看，这个系数表明了用单位剂量的X射线在子代出生之前照射亲体，由此造成的后代带有突变所占的百分比。

9. 第一定律——突变是个单一性事件

诱发突变率的规律虽然很简单，但是却具有极大的启发性。第一定律是：

（1）突变频数的增加量随着射线剂量的增加而不断提升，因此对于这种比例关系，我们可以利用突变系数来表达。

简单的比例关系在我们眼中已经是很平淡的事情了，这便导致我们不经意间低估这一定律的后果。举个例子可以更好地理解这一点，比方说，商品的单价与商品的数量之间并不一定总是成比例的。通常买6个橘子的价格是一个水平，但是当你决定多买12个橘子时，他可能会以低于12个橘子的价钱卖给你。当橘子供不应求时，与刚才的情况恰好相反。于是，我们可以推断，假如一半剂量的辐射导致后代中千分之一发生突变，那么剩下的没有发生突变的后代是不受影响的——它们既不免于突变，也不倾向于突变。如果不是这样的话，另一半的辐射剂量就不会恰好再引起后代中的千分之一发生突变。因此，突变并不是由连续的小剂量辐射相互增强而引起的一种积累效应，上文的正比例变化规律便可以证明这一点。突变是单一性事件，并且它只是在辐射期间发生在一条染色体上。那么，哪一类事件属于这样的单一性事件呢？

10. 第二定律——事件的局域性

（2）从软的 X 射线到相当硬的 Y 射线，如果广泛地改变射线的性质，只要给予的辐射剂量是相等的，那么突变系数就一直不会变化。

我们用伦琴单位来衡量射线剂量，换言之，射线剂量是由在照射下标准物质——温度为 0℃，压力为 1 标准大气压（1.01×10^5 帕）的空气——的单位体积内所能产生的离子总数来度量，并且这种标准物质是经过严格选择的。

由于平均相对原子质量与空气相同的元素组成了有机物的组

织，所以选择空气作为标准物质。此外，选择空气作为标准物质也很方便。组织内电离作用或相关过程总量的下限[1]，可以通过把空气中的电离数乘以二者的密度比得到。

我们可以从这个定律中知道，发生在生殖细胞某个“临界”体积内的电离作用是造成突变的单一性事件。好奇的人们会问：这种临界体积有多大呢？要想回答这个问题，我们可以根据观察到的突变率估算出来。如果每立方厘米产生 50 000 个离子的剂量，使得任意一个配子以某种特殊的方式在照射的区域里发生突变的概率是 1∶1000，那么，我们就可以断定临界体积只有 1/50 000 立方厘米的 1/1000，换句话说就是只有 1/50 000 000 立方厘米。这个推断出来的数字并不是确切的数字，只是为了说明一下问题。实际上，我们根据 K. G. 齐默尔、N. W. 季莫菲耶夫－列索夫斯基和 M. 德尔布吕克[2]所写的一篇论文[3]，可以得出实际估计的数字。他们写的这篇论文也是后面章节中要谈论的学说的主要来源。大约为 10 个平均原子距离的 1 个立方体，只包括大约

[1] 因为还有一些其他的过程不能用电离测量，但对产生突变来说却可能是有效的，所以是下限。

[2] K. G. Zimmer（1911—1988），德国物理学家、辐射生物学家。N. W. Timoféeff-Ressovsky（1900—1981），苏联遗传学家。M. Delbrück（1906—1981），美国物理学家、生物学家，1969 年诺贝尔生理学或医学奖获得者。

[3] 《哥廷根科学协会生物学报道》（*Nachrichten von der Gesellschaft der Wissenschaften zu Gottingen*）第 1 卷，第 189 页，1935 年。

1000 个原子，是他们在论文中得出的数据。换句话说，如果在距离染色体上某个特定的点不超过“10 个原子距离”的范围内发生（或激发）了一次电离，就有产生突变的一次机会。我们现在更详细地来讨论这一点。

季莫菲耶夫－列索夫斯基的报告隐含着一个十分重要的推论，我不得不在这里提一下，可能这与我们的研究没有什么实质性的关系。在现代生活中，人们或多或少地会接触到 X 射线的照射，这便会产生像 X 射线癌、烧伤、不育等这样一类比较直接性的危险。现在人们已用铅屏、铅围裙等作为防护来避免这些危险，尤其是对经常接触射线的护士和医生们，一定要为他们提供专业的保护。然而，即便这些对个人的直接危险，我们可以有效地防止，但是还存在着其他的间接危险——产生于生殖细胞内的有害突变，这也是我们在讨论近亲繁殖的不良后果时谈到的那种突变。说得严重一些的话，由于祖母是长期受 X 射线照射的护士，所以堂兄妹结婚的危害可能性会大大增加。当然，对于一个单独的个体来说，没有必要为此担心。但是对于包含个体的整个社会来说，这种潜在的有害突变会慢慢地影响到人类的健康，因而需要我们人类充分而普遍的关注。

第四章

量子力学的证据

你的如火焰般炽热的奔放的想
象力，静默成一个映像，一个比喻。
——歌德

1. 经典物理学无法解释的持久性

X 射线的精密仪器经过生物学家和物理学家的巧妙运用，“基因的体积”的上限已经成功地降低了，并且降低的数值比第二章第 9 节的估计数字还要低很多。然而，现在有一个问题我们不得不去面对：基因结构中只有少量的原子，一般是 1000 个，甚至比这还要少，然而令人疑惑的是，基因的持久不变特性总是有规律地表现出来，那么这两方面相互矛盾的事实该如何通过统计物理学的观点得到解释呢？

请允许我把这个令人惊讶的奇迹叙述得更加详细生动些吧。在哈布斯堡王朝时代，有一些成员长着非常难看的下唇，俗称哈布斯堡唇。维也纳皇家科学院的科学家们在王室的资助下，仔细地研究了这种唇的遗传基因，最后得出结论，认为这种特征是正常唇形的一个孟德尔式的“等位基因”。如果比较一下 16 世纪的这个家族中某些成员和他 19 世纪的后代的肖像，我们就可以毫不犹豫地得出结论，导致这种畸型特征的基因结构已经世代相传了好几百年了。研究还发现，尽管每一代的细胞分裂次数不多，但是每次细胞的分裂几乎都是百分之百的复制。此外，前面由 X 射线实验测得的原子数目和这个基因结构所包含的原子数目很有可能是同一个数量级。在这个过程中基因一直处于 36.67℃左右的温度下，但是却能保持几个世纪之久而不受热运动的干扰，那么对于这一点我们又应该如何解释呢？

对统计力学的情况仔细考量之后，19 世纪末的一位物理学家作出了回答：这些物质结构只能是分子。对于这些原子集合体的存在，以及它们的高度稳定性，当时的化学界已经有了深入的了解，只不过这种了解还停留在纯粹经验上，因此人们对分子的性质并没有彻底掌握——对于分子保持一定的形状、维持原子间强健的本质，当时的化学家几乎是一无所知的。所以，尽管上面的回答是正确的；但是它只是凑巧把这种不知缘由的生物学稳定性归结到了化学稳定性上，这一点是没有任何理论价值的。虽然两种表面上相似的特性是依据同一原理这一观点得到了初步证明，但是只要人们对这个原理本身还一无所知，那么这个证明就是值得怀疑的。

2. 可以用量子论来解释

从现在的研究中我们可以知道，量子论与遗传机制有着密切的关系，后者建立在前者的基础之上。马克斯·普朗克[1]在1900年发现了量子理论。弗里斯、柯灵斯和丘歇马克1900年重新发现孟德尔的论文，以及弗里斯1901年至1903年发表的关于突变的论文，可以说是现代遗传学的建立和开始。因此可以看出，这两大理论的产生几乎是同时的；而且它们在发展到一定程度后，才会相互发生联系。在量子论方面，花费超过25年的时间，W. 海特勒和F. 伦敦1926—1927年才给出化学键量子论的普遍原理。海特勒－伦敦理论[2]包含了量子论最新最精细的复杂概念。正是由于以上原因，我们不得不用微积分来进行描述，企图直接明了地表达突变同“量子跃迁”之间的联系，并把最为关键的部分阐释清楚。这就是我们在本书中所要努力去做的。

3. 量子论—不连续状态—量子跃迁

量子论之前的流行观点认为自然界中只存在连续性，除此之

[1] Max Planck（1858—1947），德国物理学家，1900年12月14日针对黑体辐射解释中的困难，提出能量不连续的量子假设，揭开了量子理论的新纪元，获1918年诺贝尔物理学奖。

[2] 物理学家海特勒（W. Heitler）和伦敦（F. London）于1927年用量子力学方法处理氢分子时，发现了原子间有一种特殊的力，对形成电子对键起关键作用。这种力起源于量子力学波函数的交换对称性，没有经典对应。利用海特勒－伦敦理论可以解释化学键——共价键的形成。

外的观点都是荒谬的；而在“大自然之书”里发现了不连续性的特点，彻底推翻了之前的观点，这恐怕是量子论的最大启示。

能量是我们想到的第一个例子。经典理论认为，在一定的范围内，一个物体自身的能量可以不断地被改变。比如说一个钟摆，它摆动的速度由于受到空气的阻力慢慢地减缓下来。令人惊奇的是，具有原子大小的微观系统的行为是迥然不同的，这是量子论所证明了的观点。由于一些理由我们无法在这里详细论述，所以必须假设有一个具有不连续能量的小的系统，这种不连续的能量我们称为能级。于是，我们把从一种不连续状态转变为另一种相反的状态称之为“量子跃迁”。

然而，我们津津乐道的能量并不是系统的唯一特征。再一次拿钟摆作为例子，想象一下它可以做任何运动。天花板上悬空的绳子末端挂上一个重球，使得这个重球能在南北、东西等其他任何方向上摆动，也可以做圆形或椭圆形的摆动。这个时候使用一个风箱慢慢地吹动这个球，就可以随心所欲地使它从运动的一种状态连续地转变到另外一种状态，且不管另一种状态是怎样的。

相对于微观系统来说，这些特征或类似的其他特征是不断发生变化的。它们就像能量一样，是“量子化”的。

于是就会出现这样的情况：有许多原子核，包括它们周围的电子，当彼此之间相互吸引而形成一个小的“系统”时，它们是不能随意建构成一种假设的模型的。不过，它们却可以形成许多不连续的“状态”系列[1]。能量是这些特征中最为重要的部分，因此我们通常把这些状态称为能级。但是不要忘记一点，我们还需要这些能量以外更多的东西才能形成对这些状态的完整描述。因此，较为客观的说法是，在系统中的全部粒子中，状态是一种稳定模型。量子的跃迁是指由一种稳定的模型变化为另一种模型。如果后一模型处于较高的能级，具有更为强大的能量，那么要想使得这种转化成为可能，就必须向外界借助相当于两个能级间的能量差额的能量作为动力。

4. 分子

随意给定一组原子，在它们的一些不连续的状态中，可能有使得原子核彼此相吸引靠拢的最低能级。于是在这种过程中，原子结合就成了分子。有一点需要我们着重强调一下，除非外界能够提供给分子跳跃到较高能级所需的能量差额，否则它们是具有相当的稳

[1] 我采用的是一种通俗的说法，它能够满足我们当前的需要。不过，我怀有一种为贪图方便而犯错误的不安心情。真实的情节要复杂得多，因为这里还包含了一个系统所处状态的偶然的不确定性。

定性的，因而所形成的模型一般不会发生改变。可见，能级差的存在有效地决定了分子的稳定程度。这个事实和量子论基础本身的关系，我们在后面的论述中很快就可以证实。

亲爱的读者，请你们注意一下，上述的这些观点都是被化学实验核查过的，而且有相当一大部分被证明是成功的。例如，在解释分子结构与化学原子价的关系方面、不同温度下的稳定性等都是有力的明证。我在这里意指海特勒－伦敦理论，正如前文所述，由于文本所限，它在本书里是没有办法详细论证的。

5. 分子的稳定性有赖于温度

下面我们考察一个生物学中最有兴趣的问题——不同温度下的分子稳定性。原子系统在它的初始阶段一般是最低能级的，于是物理学家们便把这种状态下的原子系统称为绝对零度分子。如果想要把这种最低能级的状态提高到相邻的较高状态，就需要外界提供一定的动力或能量了。最简单的能量供给方式就是直接“加热”分子——让它直接处于一个高温的环境下，让周边的原子、分子不断地猛烈冲击它。由于热运动存在强烈的不规则性，因此，不会出现一个明确的、即时产生跃迁的明显温度界限。换句话说，除了绝对零度外，在任何温度下都有可能出现跃迁的机会；并且这种机会随着“加热”温度的增加而增加。找出发生“跃迁”必须等待的平均时间——“期待时间”，是把握这种机会的最好方式。

根据 M. 波拉尼和 E. 维格纳的研究[1]，有两种能量决定“期待时间”，一种是在温度下的热运动强度特性的量（称为特征能量 kT，用 T 表示绝对温度），另一种是在“跃迁”时所需要的能量差额（用 W 来表示）[2]。我们可以断定，实现“跃迁”的机会越小，期待时间就会越长，而“跃迁”量本身同平均热能的比值也就越高，即 $W:kT$ 的比值也就越大。然而，有一点非常奇怪，$W:kT$ 的比值有相当小的变化，但是却会严重影响期待时间的长短。例如（按照德尔布吕克的例子），W 是 kT 的 30 倍，期待时间有可能缩短到 1/10 秒；但当 W 是 kT 的 50 倍时，期待时间反而会延长到 16 个月；而当 W 是 kT 的 60 倍时，期待时间将会增加到 3 万年！

6. 数学的插曲

我们可以借助数学语言来解释上述这种现象，同时还可以用

[1] 《物理学杂志，化学（A）》[*Zeitschrift für Physik*，*Chemie(A)*]，第 439 页，1928 年。

[2] k 是已知常数，叫玻尔兹曼常数；（3/2）kT 是在绝对温度 T 时一个气体原子的平均动能。

一些相关的物理学补充说明。之所以会出现上述现象，是由于期待时间（称之为 t）依赖于比值 W/kT，我们可以通过指数函数的关系来表示，即：

$$t=\tau e^{W/kT},$$

τ 是相当于 10^{-13} 或 10^{-14} 秒这么小的常数。这个特定的指数函数不具备偶然性，它频繁在热的统计理论中出现，已经构成了这个理论的基本骨架。在系统的某部分中偶然聚集起像 W 那么大的能量是有难度的，这种不可能性的程度可以用一种数量化来表示，这个特定的指数函数的意义就在于此。当 W 是“平均能量” kT 的若干倍时，这种不可能性的概率就会变得更大。

实际上，$W=30kT$ 这个数据十分罕见。在这个例子中只有 1/10 秒，由于 τ 因子很小，所以并没有导致较长的期待时间。τ 因子代表整个时间内系统发生振动的周期的数量级，它具有普遍的物理意义。τ 因子其实就是积聚起所需要的 W 总量的概率大小，我们只要稍加描述就可以知道其含义。虽然它很小，但是“每次振动”中都离不开它，而且每秒大约有 10^{13} 或 10^{14} 次这样的振动[1]。

[1] $1/t$ 代表分子产生量子跃迁的速率，它取决于两个因子，$e^{-W/kT}$ 是一个非常小的量。随着 W 增加而迅速减小，另一因子 $1/\tau$ 代表分子中的固有振动频率，为 10^{13}~10^{14} 次。

7. 第一个改正

我们在前面论述过分子稳定性的理论，得出一点结论：如果“跃迁”的量子能量升级不是引发分子解体的原因，那么至少也应该是导致组成分子的原子形成本质上不同的构型的原因。这种不同的构型，化学家们称之为同分异构分子，它们由相同的原子按照不同的排列组成。

我们要对这个解释作两点必要的改正。为了更加简单明了，为人接受，我可以说得简单些。根据上文所述，有人会轻易地认为，只有在极低的能量状态下，一群原子才会组成我们所说的分子；而前文所说的比较高的能量状态已经是“一些其他东西”了。然而，事实上并非如此。有一些密集的能级，分布在最低能级的上面，而这些能级与整个分子模型的可察觉的变化并没有关系。不过，对于原子间的一些微小振动，倒是有些许关系，这一点已经在上一节里谈过了。它们也是“量子化”的，从一个能级跃迁到相邻能级的幅度非常小。因此，在低温下的粒子碰撞其实就可以引起振动的激发。假设分子是一种广延的连续结构，你就可以想象振动是一种穿越分子而不会引起对分子的任何伤害的高频声波。

所以，第一个改正的意义和价值不大：我们可以直接忽略能级图的“振动精细结构”，而“相邻的较高能级”可以理解为建构一个不太小的变化所需要的相邻的能级。

8. 第二个改正

相比较而言，解释第二个改正比第一个更为困难，因为这里面涉及各种能级图的重要、复杂的特性。之所以复杂且重要，是因为两个能级之间的自由通路有可能被堵塞，于是便根本谈不上供给所需要的能量的跃迁问题了；而且事实上，从较高状态到较低状态通路被堵塞的可能性也是非常大的。

为了有力地说明这一点，还是让我们从基本的经验事实说起吧。化学家们都知道，相同的原子团由于不同的组合方式，会形成不同的分子；我们把这种分子叫作同分异构体。这种情况的出现并不是偶然现象，而是有规律的。分子越大，同分异构体也就越多。图 11 给出了一个最简单的例子，两种丙醇同样由 3 个碳原子（C）、8 个氢原子（H）和一个氧原子（O）组成[1]，氧可以插

[1] 在演讲时展出了用黑色、白色和红色的木球分别代表 C、H 和 O 的模型。这里，我不再复制模型了，因为这样做同实际的分子的相似性并不比图 11 更好。

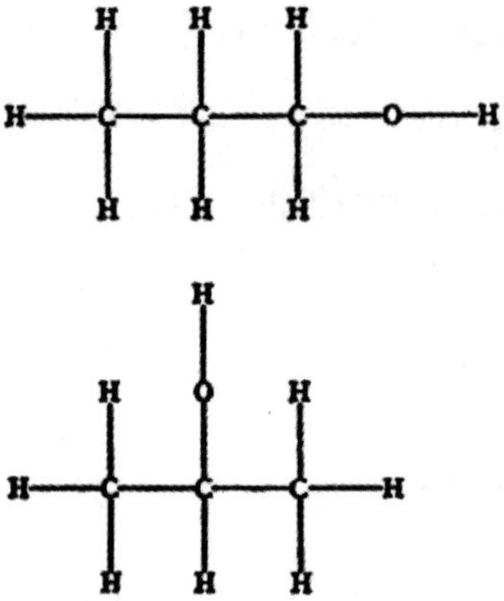

图 11 两种丙醇的同分异构体

入任何氢和碳之间，但只有图中所显示的那两种情况才可以形成自然界中真正存在的物质。这两个分子的物理常数和化学常数是不同的，我们一眼就可以看出；不仅如此，它们的能量也不同，具有“不同的能级”。

不过，有一点可以肯定，那就是两个分子的状态都很稳定，就像它们总是处于“最低状态”那样，从一种状态转化到另一种状态的自发跃迁的概率几乎微乎其微。

那么，是什么原因造成这两个分子的稳定状态呢？理由是这是两种完全不同的分子模型，没有任何一种接近的模型位于两者之间；而要从一种模型跃迁到另一种模型，显然只能通过中间模型才有可能发生。即便是有这种中间模型存在的可能，由于其所需要的能量远远高于这两个分子模型中的任何一个。也就是说，为了变换氧原子的位置，需要具备相当高能量的模型作为中介，否则是没有办法完成跃迁的。这种情况可从图 12 中看出。其中 1 和 2 代表了两个同分异构体，3 代表了它们之间的“阈”，两个箭头指代“跃迁”量，分别代表为了产生从状态 1 变化到状态 3 或者从状态 2 变化到状态 3 所需要的能量。

只有这类“同分异构体”的跃迁才是生物学应用中最令人感兴趣的，这是我们提出的“第二个改正”。在本章第 4 节到第 6 节中解释“稳定性”时已经谈到了这些跃迁。从一个相对稳定的分子模型变到另一个构型，就是我们所说的“量子跃迁”。从图 12 中可以看出，供给跃迁所需要的能量（其数量用 W 表示）是指从初始能量级上升到阈的能量差（见图 12 中的箭头），是一个相对值，并不是绝对意义上的真正的能量级差。

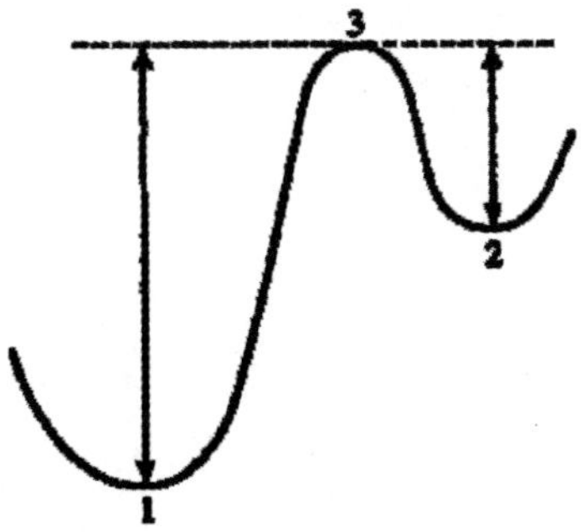

图 12　在同分异构体的能级 1 和 2 之间的阈能 3。箭头表示转变所需的最小能量

人们或许会问，没有阈的跃迁介入的初态和终态是什么样的情况呢？其实，这种情况多数是不为人所关注的，在生物学的应用上也是这个样子。这是因为这种跃迁对分子的化学稳定性没有什么实质性的贡献；由于阻止它们往回走的东西不存在，所以当它们发生跃迁时，几乎同时也就恢复到原来的状态了。

第五章

对德尔布吕克模型的讨论和检验

诚然，正如光明显出了自身，也显出了黑暗一样，真理是它自身的标准，也是谬误的标准。

——斯宾诺莎《伦理学》第二部分，命题 43

1. 遗传物质的一般图像

前面的章节论述到的事实，我们可以据此回答一个基本的问题：由少量原子组成的分子结构——诸如遗传物质等，它们对于热运动的干扰能否长时间有效地持续抵制？我们假定，作为巨大的分子的基因结构，只有原子的重新排列这种不连续的变化发生其间。根据前面的论述，不连续的变化直接导致同分异构[1]分子的产生。原子的一种重新排列可能只会对基因中很小一部分区域产生影响，但是这并不排除原子有大量重新排列的可能性。基因分子的实际模型和它的同分异构体分开的阈能远远高于原子的平均热能，以至于使得这种变化成为概率极其低下的罕有事件。这种罕见的变化就是我们常说的基因自发突变。

这一章的后面将会对基因、基因突变的一般图像与遗传学事实进行比较，详细论述其中的异同。在将要开始之前，我们先看看这个理论的基础和一般性质吧！

[1] 为了方便起见，我仍把它叫作一个同分异构跃迁，虽然，由于没有考虑同环境的相互交换的可能性，也许会导致错误。

2. 图像的独特性

我们研究生物学问题并孜孜不倦地探求其本质，力求把图像建立在量子力学的基础之上，这种必要性值得我们百分之百地确定吗？对于基因是一个分子的结论，我想在今天这个时代已经是不言而喻的了。可能有些人对量子论不是很熟知，但是丝毫不妨碍对这一结论的坚信。在第四章第 1 节中，量子论诞生之前物理学家的语言已经为我们所用，并且成为我们可观察的分子持久性的唯一可以接受的合理解释。除此之外，我们还介绍了同分异构性、阈能，以及 $W:kT$ 在分子同分异构跃迁中的重要作用——所有这一切，我们可以抛开量子论而在纯粹经验的基础上很好地解释说明。要想真正地把量子论在这本小册子里论述清楚，绝非是一件容易的事情，况且量子论的解读可能会使得更多的读者感到厌烦，那我为什么还在一如既往地坚持量子力学的观点呢？

量子力学的理论价值是众所周知的，它是第一个根据第一原理阐明自然界中实际存在的原子的各种集合体的理论。有一个十分有趣但是却以非常费解的方式得出的推论——海特勒 - 伦敦理论是量子力学理论的一个独特之处，它根据完全不同的理由使得人们最终被迫接受，但其本身并不是为了解释化学键而来。不管怎样，就现在的科研水平而言，这个推论已经科学地证明了可观察到的化学实验事实。像这种特殊的理论，在今后量子论发展的过程中恐怕“不可能再发生这样的事情了”。

通过上述问题的讨论，我们可以断定，遗传物质的分子解释是最恰当的，除此之外没有其他的解释了。这是我想说明的第一点。

3. 一些传统的错误概念

但是我们似乎还有一些怀疑：由原子构成的持久性结构，除了分子之外，就没有其他的了吗？举个例子，比如在坟墓底下掩埋着具有千年历史的一枚金币，它上面的人像难道不是安然无恙地保留着吗？毫无疑问，这枚金币的材质确实是由原子构成的，但是我们一定不会把人像的完整保存归因于数字理论方面的统计。同样的道理，对于深藏在岩石中经历数个地质年代的纯净水晶，也同样是适用的。

实际上，分子、固体、晶体这样的单独物质个体并没有真正意义上的差别，而且从现代科学知识的角度看，它们的本质是完全相同的。然而，学校里的教科书似乎还在传播过时已久的观念，模糊人们的认知，这真是一件不幸的事情。

学校教科书里关于分子的知识，忽视了分子与固态物质的相似度比和液态或气态物质的相似度更为接近。相反，教科书传递给我们的却是确定物理变化和化学变化之间的区别；像熔化或蒸发这样的物理变化，分子在整个变化过程中是保持不变的。比如固体、液体或气体的酒精，不论是何种形态，它们总是由相同的分子 C_2H_5OH 组成的；而化学变化如酒精的燃烧：

$$C_2H_5OH+3O_2=2CO_2+3H_2O。$$

在这里，1 个酒精分子同 3 个氧分子作用，经过原子重新排列生成了 2 个二氧化碳分子和 3 个水分子。关于晶体，教科书的大部分内容只是告诉我们它是一种周期性的空间三维方向的堆叠晶格。单个分子的结构在晶体里有时是可以分辨出来的，例如酒精和许多有机化合物；而在其他一些晶体中，例如氯化钠，其分子则没有办法明确区分，因为每一个钠原子被六个氯原子包围，并且十分整齐对称。因此，无论把哪一对钠氯原子看作是氯化钠分子，都是可以的。

另外我们还知道，一个固体可以是晶体，也可以不是晶体。我们把不是晶体的固体称为无定形固体。

4. 物质的不同“态”

对于上面的问题，我并没有进行深入的探讨，不过却愿意对上面所有这些说法和区别持否定性态度。实际上，它们在某些现实的应用过程中还是有一定作用的。尽管如此，我们还是不能按照上文中的方法来揭示物质结构的真实内涵，而必须找到另外一种完全不同的方法。新方法与原先的划分方法的最大区别是可以用下面的两个基本等式所联系的状态表示出来：

分子 = 固体 = 晶体。

气体 = 液体 = 无定形固体。

对于这些我们必须作简要的几点说明。所谓无定形固体并非一定是没有固定形状的，或者也不一定就是固体。木炭纤维看起来似乎是“无定形的”，不过通过 X 射线却在木炭纤维中发现了石墨晶体的基本结构。所以，木炭既是固体，又是晶体。而那些没有发现晶体结构的物质，“黏性”极大的液体恐怕是它们的最好称谓了。像这种没有确定的熔化温度和熔化潜热的物质，可以充分说明其并不是一种真正的固体。慢慢给它们加热，于是它们就会逐渐软化，最后液化。因此，不连续性的状态对它们而言是不存在的。

气态和液态之间的变化连续性对我们而言是一件司空见惯的事情。任何一种气体在靠近临界点的路径上液化而表现出的连续性，我们在这里就不多谈了。

5. 真正重要的区别

不用考虑原子的数量多少，直接把它们结合起来组成的分子所需要的力的性质，与形成固体——晶体所需的大量原子所结合的力的性质是一样的，因此我们可以把分子看成固体或晶体。分子表现出的结构稳定性与晶体一样。于是，关于基因的持久性，我们便可以利用分子的稳固性来解释说明。

一种物质与另一种物质的真正区别在于物质结构中的原子之间相互结合的力的性质，这种力的性质是不是海特勒 – 伦敦“固化”力呢？原子在固体、分子中确实是这样结合的；但是在单原子气体中——比如水银蒸气，就不是这个样子了。即使是在分子组成的气体中，以这种方式结合的也仅仅限于每个分子中的原子。

6. 非周期性的固体

我们通常把一个很小的分子称为“固体的胚芽”。大的物质就是从这一个很小的“固体的胚芽”开始以两种不同的方式建造的，慢慢地，越来越大。有一种比较乏味的建造方式，是同一种结构在空间的三个方向上不断重复。正在生长中的晶体就是以这种方式建造起来的。在这种方式之下，如果周期特性能够较早确定，那么集合体就没有固定的生长增幅和大小了。还有另一种方式能够改变第一种方式的枯燥乏味风格，那就是有机分子在其中发挥着关键作用。它不是用那种乏味的重复来建造逐渐扩大的集合体。在越来越复杂的有机分子里，单个的原子和原子团都各自发挥着作用。这与在周期性结构那里的原子或原子团是不相同的。以这种方式来逐渐扩大的集合体，我们可以称它为非周期性的晶体或固体。于是，我们便可以利用这些得出下面的假设：一个基因是一种非周期性的固体，这种基因不排除是整个染色体纤丝[1]的可能。

[1] 染色体纤丝是非常柔韧的，这是无疑的；而一根细铜丝也是很柔韧的。

7. 压缩在微型密码里的丰富内容

我经常听到人们的惊叹：涉及有机体全部发育的密码精巧地包裹于受精卵这么小的物质微粒中，这是怎样的一种神奇结构呢？由于高度有序的原子聚集体能够有效地抵抗外在干扰力而稳定地维持它固有的结构，因此它可以提供大量不同原子的可能排列——我们前文论述过的同分异构，可能的原子排列数量很大以至于一个复杂的“决定性”系统的所有特征在一个很小的空间范围内即被囊括。于是，在这种结构里，只需要很少的原子就可以衍生出无穷的排列组合。莫尔斯[1]密码可以帮我们更好地理解这个问题，我们不妨看看这种密码。莫尔斯密码用点（“·”）、划（“–”）两种符号来表示，如果每一字符的符号数目不超过 4 个，那么就可以编织成任意 30 种不同的代号。如果在点和划之外再加上第三种符号，且每一字符的符号数目不超过 10 个，那么你就可以编出 88 572 个不同的“字母”；如果用 5 种符号，每一字符的符号数目增加到不超过 25 个，那么你就可以编出

[1] Samuel F. B. Morse（1791—1872），美国艺术家和发明家，电报的发明者。

372 529 029 846 191 405 个[1]不同代号。

对于上面的说法，也许有人会持不同的观点并认为这个比喻是不恰当的，因为莫尔斯密码可以组成各种不同的符号，比如，·－－和··－，因此他们认为与同分异构体作类比是不恰当的。我们不妨在第三种情况中只挑出长度为 25 的字符串来改进这个缺点——只挑出由 5 种不同的符号、每种符号都是 5 个所组成的那种字符串。照这样计算，最后的字符串数是 6.233×10^{12} 个。事实上，原子或原子团的任意一种组合方式不一定能代表一种可能的分子；而且不一定任何一个密码都能被采用，还涉及密码本身是否是指导发育的操纵因子。另一方面，上述比喻的例子中选用的 25 个数目还是很小的，仅仅代表了一条直线上的简单排列。对于基因的分子图像而言，微型密码与一个高度复杂而精细的发育计划一一对应，并且它还包含了促使密码起作用的程序。因此，我们就不会再对为什么基因分子会包含如此复杂的微型密码感到奇怪了，通过前文的论述我们就可以直接想象到。

8. 与实验事实作比较：稳定度；突变的不连续性

我们可以观察到的稳定持久性能通过理论描述反映出来吗？所

[1] $2+2^2+2^3+2^4=30$，$3+3^2+3^3+\cdots+3^{10}=88\ 572$，余类推。

需要的阈值能量高于平均热能 kT 许多倍，这是合理的吗？在普通化学所允许的范围之内，这真的存在吗？我们可以非常肯定地回答这些平常的问题，甚至不用去查表。为了分离出某种物质分子，化学家必须使得其分子在某个温度下至少存活几分钟。根据第四章第 5 节的内容描述，如果阈值处于大约一两倍的范围内来回变动，就可以说明从几分之一秒到几万年范围内的寿命，因此化学家发现的阈值一定正好就是解释生物学中遗传性持久性所需要的数量级。

还记得第四章第 5 节的例子里提到的 W/kT 之比，我们提出来可以作为适当的参考。当比值是：

$$\frac{W}{kT}=30，50，60，$$

分别产生的寿命是：

$$\frac{1}{10}\text{秒，16 个月，30 000 年。}$$

与此相对应的室温下的阈值是：

0.9，1.5，1.8 电子伏。

在这里有必要解释一下“电子伏”这个单位，由于它的直观解释功能，因而它对物理学家来说是极为方便的。比如，上面第三个数字 1.8 电子伏，就是指在 2 伏左右电压的作用下，使得一个电子获得能量，然后去碰撞分子而引起跃迁。

由此我们可以知道，分子某个部分的异构变化由振动能的偶然涨落所引起，这样的情况是十分罕见的。讨论到这里，我们已经从量子力学的原理出发，解释了关于突变的最惊人的事实。也正是由于这个惊人事实，弗里斯才第一次关注到突变。

9. 自然选择基因的稳定性

引起电离的任何一种射线都会大大增加自然突变的概率，人们发现这个事实以后，便理所当然地推断空气或土壤中的放射性物质和宇宙射线也是造成自然突变的原因。但是，只要是做过 X 射线实验的人，都知道自然辐射的剂量与 X 射线相比那真是太少了。因此，自然辐射只能解释说明自然突变中的一小部分情况。

如果热运动的偶然涨落被我们用来解释自然突变的发生概率，那我们就会释然了。因为自然界对阈值已经做出了微妙的选择，这种选择的微妙必定使得突变的发生概率极其低下。正如前文所说，过多的突变对于进化来说是没有好处的。有些个体本身由于突变而获得不稳定的基因构型，并由于其突变的强烈程度直接影响到后代的生存概率，使得后代的生存机会微乎其微。于是，物种就会淘汰这些个体，从而通过选择把稳定的基因保存下来。

10. 突变体的稳定性有时是较低的

我们经常在繁育试验中选用的突变体，自身的稳定性自然是很差的。有些正常的野生型可能由于突变概率的增高而被“考验”筛选，或者偶尔也通过了“考验”，却在野生繁殖的过程中被“抛弃”了。因此，有些突变体的突变概率很高，远远超过正常的野生型，对此我们应该是不会再感到有什么惊奇的了。

11. 不稳定基因受温度的影响小于稳定基因

我们来检验突变可能性公式：

$$t= \tau e^{W/kT}。$$

（t 是阈能 W 的突变的期待时间。）我们会问：随着温度的不断变化，t 是如何改变的？我们可以在上面的公式很容易发现温度 T+10 这个状态下的 t 的取值，同温度为 T 时的 t 值相比的大约数值：

$$\frac{t_{T+10}}{t_T} = e^{-10W/kT^2}。$$

从中我们可以看出，指数是负数，这个比值小于 1。因此，突变可能性随着温度上升带来的期待时间的减少而增加。我们还可以对照一下相关实验的效果——果蝇的耐受温度实验。如果不注意观察分析的话，相关实验的结果有些出人意料。野生型基因的低突变可能性随着温度的增加明显提高了，但是具有较高突变可能性的已经突变过的基因却不是这种情况。实际上，两种情况中的 W 是不一样的，因此早在我们使用上面的公式进行推断时就应该能预测到。根据第一个公式，如果要增加 t 的值，那么就要求增大 $W:kT$ 的值；而根据第二个公式，增大 $W:kT$ 的值，直接导致计算出来的比值减小。换句话说就是，随着温度的增加突变可能性将大幅提高，于是我们就很容易明白为什么野生型基因的突变可能性随温度上升提高得很明显[1]。

12. X 射线是如何诱发突变的

我们再来探究一下 X 射线诱发的突变率，已经进行过的繁育试验可以帮助我们推断出：第一，我们这里研究的是由单一性事

[1] 实际的比值大约在 1/5 到 1/2 之间，其倒数为 2～5，后者就是普通化学反应中所说的范托夫因子。Van't Hoff（1852—1911），荷兰化学家。范托夫因子是指化学反应速率常数中对温度的依赖因子。

件引起的突变；第二，单一性事件的性质是一种电离作用或者类似电离的过程，并且这一过程发生在只有 10 个原子距离的立方体内。因此，克服阈值的能量是由电离或激发过程来提供的。由于它类似于爆炸，一次电离作用所消耗的能量有 30 电子伏，所以称它为爆炸式过程。原子强烈振动的“热波”从放电点周围的热运动那里散发出来，可以直接提供大约 10 个原子距离的平均“作用范围”内所需的一两个电子伏的阈能。不过，细心的物理学家还能推断出一个更小的热运动作用范围。在大多数情况下爆炸效应不是异构跃迁，而仅仅是对染色体的一种损伤。如果基因是病态的损伤染色体与未受损伤的染色体通过巧妙的杂交相互交换，那么这时的跃迁就是致命性的。总之，这些结论是可以预期的，也是可以观察并证实的。

13. X 射线的效率并不依赖于自发突变率

我们的图像不能预言所有的特性，总存在一些少数特性不在预言之内；不过我们想想前面所讲的爆炸的多重效应，也就可以理解了。例如，一个不稳定的突变体的 X 射线的突变率，与稳定突变体的突变率相比较的话，并不是我们所认为的那样；前者的突变率反而低于后者。从中我们可以看出，自发突变率和 X 射线诱发突变的效率之间没有多少关系。譬如，对于 30 电子伏能量的爆炸而言，不管它需要多于或是少于 1 电子伏（或 1.3 电子伏）的阈能，最后效果之间的差别是很小的。

14. 回复突变

其实，跃迁的研究可以从两个方向来考虑，比如说，从一个特定的突变体变为某一个野生型基因，再从那个野生基因变回突变体。不难发现，有时候这两种情况下的自然突变率是相等的，相差不大；但有时却又迥然不同。初看起来，我们难以理解这样的情况，因为这两种情况下所需要的阈能几乎是相等的。然而，事实却与我们的推断恰恰相反。按照科学的严格理论，我们必须从初态构型的能级出发来进行衡量，因此这两个研究方向中的野生基因和突变基因的能级是不同的（图 12 中的“1”可认为是野生的等位基因，“2”可认为是突变基因，突变基因具有较低的稳定性，图中用短箭头来表示），所以出现了我们意料之外的情况。

从中可以看出，德尔布吕克的“模型”理论经得起实践的检验，我们有必要在今后的研究中进一步去应用它。

第六章

有序，无序和熵

身体不能决定意识，意识也不能决定身体的运动、静止或其他活动。

——斯宾诺莎《伦理学》
第三部分，命题 2

1. 一个从模型得出的值得注意的普遍结论

记得第五章第 7 节最后提到："对于基因的分子图像而言，微型密码与一个高度复杂而精细的发育计划一一对应，并且它还包含了促使密码起作用的程序。"那么，我们根据基因的分子图像，如何才能把设想的变成每一个人真正理解的呢？它又是如何做到能够促使密码起作用这一点的呢？

虽然德尔布吕克的分子模型是极其普遍的，但是这一模型并没有告诉我们遗传物质是怎么起作用的。坦白地讲，对于这个问题物理学是否能够提供任何详细有用的信息，我丝毫不抱乐观的态度。不过有一点可以相信，那就是在生理学和遗传学的指导下，生物化学对这个问题的研究会不断取得进步并获得长足发展。

我们在前面对遗传物质结构只作了一些简单的描述，自然还没有给出关于遗传机制如何发挥作用的详细信息。但是，一个普遍结论即将从这里得出，写作本书的唯一动机可以略见一斑。

根据德尔布吕克的遗传物质普遍图像，我们可以知道生命物质在遵从现有的物理学定律的同时，也许还在遵循一些尚未发现的"物理学的其他定律"，只是我们目前的科研水平无法探个究竟；一旦这些新的定律被我们发现，它们将和以前所发现的定律一样，成为这门科学的一个重要的组成部分。

2. 由序导出序

在第一章里我们已经做了说明，目前我们所知道的物理学定律都是统计定律[1]。事物走向无序状态的自然倾向与这些定律有着千丝万缕的关系。

但是，我们只能通过一种“设想的分子”来避免无序的倾向，以此来保证遗传物质的高度持久性同它的微小体积相互协调。实际上，这种特别大的分子是高度分化的有序性的杰作，同时还受到了量子论的魔法保护。这种“设想的分子”并没有使得机遇的法则失效，只是修正了它的最后结果。在特别低温的情况下，量子论已经修改了物理学的经典定律，这一点已经为物理学家所知。这类例子很多，生命就是其中一个令人惊异的例子。物质的有序和有规律的行为在生命中得到了完美体现，因为生命从来都是部分地保持现有的秩序，而不是直接地从有序转向无序的自然倾向。

[1] 如是全面地普遍概括“物理学定律”，这种说法也许是会有争议的。第七章将讨论这一点。

生命有机体是一个与热力学相对立的宏观系统，其中有一部分行为是纯粹的机械运动；而当所有的系统温度接近绝对零度并且分子的无序状态消失时，它们都会趋向这种行为。我希望这样的观点对于一个物理学家来说，能更清楚地表明我的意思。

对于非物理学家来说，他们所认为的高度精确的典范物理学定律以物质走向无序状态的统计学作为基础，这对他们来说是难以置信的。在第一章里有一些例子，其中所谈到的普遍原理就是著名的热力学第二定律（熵原理）及其统计学的基础。在本章第 3 到第 7 节里，我们可以完全忽视关于染色体、遗传等的相关知识来探讨一下熵原理对生命有机体宏观行为的意义。

3. 生命物质避免了向平衡衰退

生命具有什么样的特征？如何判断一块物质是活的呢？答案很简单，当它继续运动、“做某些事情”、与环境交换物质等的时候就表明它是活的；而且它“继续保持下去”的时间会比一块没有生命的物质在相似的情况下要长得多。一个无生命的系统被独立出来，或是把它置于一个均匀的环境里，所有的运动由于周围的各种摩擦力的作用都将很快地停顿下来；电势或化学势的差别也消失了；形成化合物倾向的物质也是如此；由于热传导的作用，温度也变得均匀了。由此，整个系统最终慢慢地退化成毫无生气的、死气沉沉的一团物质。于是，这就达到了被物理学家们称为的热力学平衡或“最大熵”——这是一种持久不变的状态，在其中再也不会出现可以观察到的事件。

事实上，这种状态是经常出现的。仅从理论本身来说，它可能还不是熵的真正最大值或者还不是一种绝对的平衡，最后真正达到平衡是一个极其缓慢的过程——也许是几小时、几年、几个世纪……比如，将一只玻璃杯盛满糖水，另一只玻璃杯盛满清水，把它们一起放进恒温箱里，并保持恒温箱的密封状态。在最初的时间里，它们似乎什么也没有发生，人们相信它们是完全平衡的。可是，过了一天左右，可以发现在较高蒸汽压的作用下，清水慢慢地蒸发了出来，最后凝聚在了糖水上面，这样随着时间的推移，清水越来越多，最后糖溶液溢出来了。糖可以平均地散布在箱内的全部水中，唯一必须满足的条件是其中所有的清水都被蒸发掉。

从上面的例子中，我们发现了一个逐渐平衡趋近的过程，但是我们千万不要误认为这是生命。只是为了避免别人指责我的不准确，我才在这里说一下，其实我们可以不去理会它们。

4. 以“负熵”为生

一个有机体为了避免衰退带来的惰性“平衡”态，于是便显出活力。人类思想早期曾经认为，在有机体里存在着一种特殊的非物质的超自然的力（活力，“隐德莱希”[1]），这种力始终发挥着作用，直到现在依然有人坚持这样的主张。

那么，生命有机体是如何避免衰退到平衡的呢？毫无疑问，显然是靠吃、喝、呼吸以及（植物的）同化。生物学中有一个专门的术语叫“新陈代谢”，说的就是这个意思。这个词来源于希腊语，意思是交换或变动。那么，交换什么呢？最初大部分人都认为是指物质的交换，其实这种看法是错误的。因为我们知道，生物体中的氧、氮、硫等任何一个原子与环境中的同类原子都是一样的，那么把它们进行交换又有什么意义呢？后来有人认为能量是我们赖以生存的基础。这样，我们的好奇心可以得到暂时有效的缓解。在一些发达国家的饭馆里，菜单上除了价目以外，你还会经常发现在每道菜的名字后面标注了它所包含的能量。然而，一个成年有机体所含的物质与所含

[1] 亚里士多德用潜能和现实来说明世界的生成变化，隐德莱希是表达现实的哲学范畴。

的能量都是固定不变的。

既然体外一个卡路里与体内一个卡路里的价值是相等的，那么，这样的单纯交换是为了什么呢，能有什么样的益处呢？可见，能量说也是一个荒唐的结论。

到底我们的食物里包含什么样的物质可以使我们免于死亡呢？这个问题很容易回答。自然界中的每一个过程、事件以及突发事变等，它们在发生的过程中意味着其中与之相对应的那部分熵在增加。因此，一个生命有机体无时无刻不在生产着熵或者是在增加着熵，同时它们不断趋近熵的最大值，在这一缓慢过程之后就是生命有机体的危险状态，即死亡。那么，如何才能摆脱死亡，一直保持生命的存在状态？从环境里孜孜不倦地汲取负熵恐怕是唯一的办法了。在下文我们就会知道负熵是一种积极的物质，它是有机体维持生命的重要物质。换句话说，有机体成功地在它的存活期间不断地消除活着的时候不得不产生的全部的熵，这即是新陈代谢的本质。

5. 熵是什么

熵是什么？首先声明的是，这个物理量是可以进行测量的，而不是一个模糊的概念或思想。它就像一根棍棒的长度，物体某一点的温度，晶体的熔化热，物质的比热等。任何物质的熵在处于绝对零度时（大约在 -273℃）都等于零。通过可逆的、微小的、迟缓的变化，物质进入另一种不同的状态，其中自然包括分裂为两个或多个物理学、化学性质不同的部分，或者改变了物质的化学或物理学性质，这个时候熵的增加量就可以这样算出：发生在过程中的每一小步，物质都会吸收一定的热量才可以使得变化维持下去。在此之中系统吸收的热量除以吸收热量时的绝对温度，最后把每一小步的结果加起来就可以得出我们想要的结果。我们可以举个例子来解释一下，比如你熔解一种固体，它熔化时所需要的热量除以熔点温度就是它的熵增加量。因此，从计算公式中我们就可以看出熵的单位是卡 / 摄氏度。

6. 熵的统计学意义

我已经简单地探讨了熵的专业性定义，差不多已经为我们的读者扫清了笼罩在头上的迷雾，对这一概念和物质多少有些了解了。但是，我们的目的不是仅限于此，对我们来说更为重要的是有序和无序的统计学概念以及熵和序之间的关系。有幸的是，玻尔兹曼和吉布斯的统计物理学研究所已经用一个定量公式精确表达了这一关系。其表达式是：

$$熵 =k \log D。$$

k是玻尔兹曼常量（k=1.380 649 × 10^{-23}J/K），D是所讨论物体的原子无序性的定量量度。想用几句简明的非专业语言来解释D的准确量度是十分困难的。它包含了两种无序：一种是热运动的无序，一种是不同原子或分子的没有规律的随机混合，前文所举的糖和水分子的混合就是后一种无序。玻尔兹曼公式在这个例子中算是得到了完美阐释。随着糖在水中的慢慢散开，系统的无序性D也随之增加。于是熵也随着增加。同样的道理，热运动过程中如果能得到外界的任何热补充，那么这个热运动的混乱性加剧，D值增加，熵值也随之增加了。这其中有什么原因呢？也许下面的例子可以帮助你更好地理解。当你熔化一种晶体时，它原先的原子或分子的整齐排列就被破坏了，持久不变的状态变成了一种连续变化的随机分布。

所以，一个在均匀环境里的系统或者一个孤立的系统，由于它的熵值在不断增加，因此它会越来越趋近于最大熵的惰性状态。现在我们知道了，这个基本定律是事物的一种必然的自然倾向。如果我们不能有效地设防，这个倾向就无法避免。

7. 从环境中抽取“序”来维持组织

一个生命有机体可以有效地抑制这种趋向热力学平衡（死亡）的能力，更让人惊叹的是，根据统计学理论可以表示出这种能力的大小。我们在前文曾说过：“生命以负熵为生”，这就好比生命有机体借助于外界的负熵来消除它体内的正熵的增加量。由于这种正熵是在生活中所产生的，因而它是不可避免的。生命有机体就是通过这样的方式来保持自身在一个稳定的水平上。

如果 D 是无序性的量度，那么它的倒数 $1/D$ 就可以作为有序性的一个直接量度。因为 D 的负对数恰好是 $1/D$ 的对数，于是玻尔兹曼方程式可以写成这样：

$$负熵 = k \log (1/D)。$$

因此，如果觉得“负熵”这种公式表达比较拗口的话，我们可以这样来表达它：取负号的熵正是序的一个量度。这样的话，我们可以知道有机体使其自身维持在一个有序水平的办法，无一不是从外界的环境中汲取这样的序。这个结论初看起来比这个公式更合理一些，不过，它会由于没有严谨的推导而遭受责难。众所周知，高等动物完全就是汲取序来维持生命的。这是由于作为它们食物的不同复杂程度的有机体的状态是极为有序的。高等动物吃了这些食物后，排泄出来的是大大降解的物质；当然并没有完全降解，因此这些物质中含有一定量的序，因此植物还可以利用它。

关于第六章的注

“负熵”的说法曾经一度遭到物理学界的批判和反对。首先我要说的是，果真想要迎合他们的心意，那就应该用“自由能”这个概念来代替。然而，从语言学的角度看这个术语与能量太接近了，这样使得普通读者不清楚它们之间的区别。读者们很容易简单地认为“自由”只是个形容词而已。但事实恰恰相反，自由能远比读者想象的更为复杂。因此，用玻尔兹曼有序—无序的原理不一定就比用熵和“负熵”表达得更清晰。还有负熵的说法并不是我的初创，因为上面的表述正好是玻尔兹曼原始论证所涉及的东西。

第七章

生命是以物理学定律为基础的吗

如果一个人从不自相矛盾的话，

一定是因为他从来什么也不说。

——乌纳穆诺

1. 在有机体中可能有的新定律

根据前面的所有论述，尤其是关于生命物质的结构，我将在最后一章中说明物理学的普通定律是无法涵盖生命物质结构的工作方式的。这是因为迄今在物理实验室中研究过的任何一种物质都与生命物质的构造不同，而不是由于在生命有机体内单个原子的行为之外是否存在一个“新的力”在支配着这一切。举个例子来说，在检查了一台电动机的构造之后，这个只对热引擎熟悉的工程师会发现它是按照一些工作原理在工作的，但这些原理对他来说完全还没有掌握。在这台电动机上，人人都很熟知的制锅用的铜，在他看来却成了铜线一匝匝绕成的线圈；更令他意外的是过去非常熟悉的制汽缸和杠杆的铁却镶嵌在那些铜线圈里。不过，在他眼里这是同样的铁和同样的铜，因而也必须遵循着同样的自然规律。对于这一点，他毫不怀疑。由于不同的构造，使得这些装置以一种截然不同的方式做功。尽管电动机不用蒸汽推动只需要按一下开关就可以运转起来，但是他丝毫不会怀疑电动机是由幽灵来驱使的。

2. 生物学状况的评述

一种美妙的秩序性和规律性通过有机体的生命周期发生的事件显示出来，这种美妙性的完美是任何一种生命物质都无法企及的。一种高度有序的原子团严格地控制着生命有机体，尽管在每个细胞里它们只是原子总数中的很小一部分。更为重要的是，如果生殖细胞“支配性原子”集团中的很少一部分原子的位置发生移动，那么就可以使有机体的宏观遗传性状发生一个确定的改变；这一点根据前面我们已经得出的关于突变机制的观点就可以理性地推断出。

当代科学揭示的最让人感兴趣的事实莫过于此了。慢慢地，人们发现它们是可以接受的。一个有机体为了避免向原子混沌的衰退，于是在它自身上集中了“序的流束”。这种在合适的环境中“汲取序”的天赋也许与染色体分子的存在、“非周期性固体”有密切关系。毫无疑问，目前人们所知道的最高度有序的原子集合体就是这种固体了，它比普通的周期性晶体有更为高级的序，这是由于每个原子和基团在它的内部各自发挥着作用。

简而言之，现存的序维持自身和产生有序事件的能力已经向我们充分展示出来了。我们坚信这一点已经得到了证实，之所以这样是因为社会组织的经验和有机体活动的其他事件的经验向我们提供了无可辩驳的事实。

3. 物理学状况的综述

总而言之，我们有一点是达成共识的，那就是这种事态对物理学家来说是“有道理的”，而且是倍受鼓舞的；而这源于它的首次出现和引人好奇。与普通人的一般信念相反，物理学的定律支配着这种事件的进程，虽然这样的进程是有规律的，但却不是原子高度有序的构型所产生的结果。类似的原子高度有序的构型在由大量相同分子组成的液体里、在周期性晶体里或气体那里经常出现。

化学家进行离体研究时，也会遇到非常复杂的大量类似分子。他利用现有的化学定律研究这些分子。在此过程中，他可能会告诉你，有一半分子在某个特殊反应开始 1 分钟后发生了变化，3/4 的分子在 2 分钟以后起了反应。然而，如果化学家紧紧盯住某一个分子进行研究的话，要想预言这个分子是在没有起反应的分子中间还是在起了反应的分子中间，这显然是不可能的，因为这纯粹是一个机遇问题。

当然，这并不是一种纯理论性的推测；我们也并不否认可以观察到单个原子团或原子的运行规律。有时我们可以观察到单个分子或原子团的运行，但是观察到的都是一些完全无规律的图像，除非我们通过平均的方法才能摸清它们的规则性。我们曾经在第一章里举过一个例子，液体中悬浮微粒的布朗运动尽管是不规则的，但是如果还有其他很多同样的微粒，我们就可以从它们的不规则运动中发现有规则的扩散。

单个放射性原子的蜕变发射出一粒“子弹”在荧光屏上就会闪出一次可见的现象，因而它的蜕变是可以观察到的。然而，如果你得到了这个单个放射性原子，你将无法预测它的寿命，因为它可能的寿命甚至不能和一只麻雀相提并论。确实如此，关于这个问题，我们最后只能说：只要它活着，它在下一秒钟里毁灭的概率总是相同的，而不论其概率大小。尽管单个放射性原子丧失了个体决定性，但是精确的指数衰变规律还是适用于大量的同类放射性原子的。

4. 明显的对比

在生物学中有一种完全不同的情况，然而我们必须要面对。一份拷贝的单个原子团就可以考察个体发育的最初阶段，而且这样的情况只存在于一份拷贝中；它产生了一些有序事件，在同环境之间以及相互之间遵从微妙的法则做出奇异的调整。因为还有诸如卵子和单细胞有机体这类的例子，所以我说只存在于一份拷贝中。高等生物发育后期的拷贝数目增加了很多，然而我们并不知道它增加的程度。我们知道，在成年哺乳动物中有的可达 10^{14}，相当于 1 立方英寸（1.6387×10^{-5} 立方米）空气中的分子数目的百万分之一。虽然数量非常大，但是最后聚集起来却只是一小滴液体。我们还可以看一看它们的实际分布方式，每一个细胞正好包容了这些拷贝中的一个。如此看来，这个小小的中央机关的权力隐含在一个个独立的细胞里，每个细胞就像是分布全身的地方政府的分支机构；它们通过共同密码的使用进行着便利的信息交流。

这的确是个难以置信的奇迹，不是出于科学家之手倒是有点像出自于诗人的手笔。然而，这只是需要明确合理的科学思考去认识现在正面对的事件，而不需要诗人的想象。与物理学的“概率机制”相比，它们有序地、规则地展开的“机制”是截然不同的。一份拷贝中的单个原子集合体之中蕴涵着指导细胞运行的规则，一桩桩高度有序的事件便源于此；这是我们目前观察到的事实。一个很小的原子团由于其高度的组织化最终能够以这种方式起作用，对于我们来说是一件新奇的事情，这是在生命活体以外的任何地方都还没有发生过的情况。对于物理学家和化学家们而言，无生命的物质是他们的研究对象，因此他们从来没有看到过用这种方式进行解释的现象。由于之前没有过类似的情况，因此我们的统计力学理论未曾涉及它。现在我们通过统计力学理论看到了背后的东西，物理学定律的严格有序性从原子和分子的无序中推导出来；通过统计力学理论，我们推导出了熵增加定律而不需要专用的特殊的假设，因为熵只是分子自身的无序性而已，并非其他的什么东西。

5. 产生序的两种方式

一般说来，有两种类型的序在生命的展开过程中可以随处遇到——一种是统计力学的机制，以“有序来自无序”为特征；另一种是最新发现的机制，以“有序来自有序”为特征。对于一个立场公正的普通人来说，第二个原理似乎更为简单、合理。这是毫无疑问的。基于上述的原因，物理学家们曾经非常赞成另一种方式，即“有序来自无序”的原理。这个原理在自然界中处处可见，而我们理解自然界事件的发展线索也必须从这个原理出发并进一步探求这种发展的不可逆转性。可是，我们并不能依据物理学定律很好地解释生命活体的行为，这与生命活体在很大程度上以“有序来自有序”的原理为基础密切相关。就像你不能奢求你的弹簧钥匙能打开你邻居家的门窗一样，你也不能期望两种截然不同的机制能推导出同一种定律。

从上文可知，我们可以凭借生命物质的结构解释生命现象，而不必对物理学的通常定律无法解释生命而感到沮丧。因此，我们应该做好准备去努力寻找在生命有机体中起支配作用的物理学定律。

6. 新原理并不违背物理学

我们发现的新定律如果不是超物理学的，难道可以认为它是非物理学的定律吗？我本人并不这么认为。这个涉及的新原理不是别的原理，它也是真正的物理学原理。在我看来，它其实不过是量子论的再次重复。为了说明这一点，我觉得有必要对前文的全部物理学定律从统计力学的角度作一点补充和改进。

这个论断必然会引起一些争论，因为有很多现象都是直接以“有序来自有序”的原理为基础而作出解释的，并且这看起来似乎与分子无序性或统计力学没有一点关系。

一台时钟或者其他任何类似的机械装置，它们的有规则运动都与统计力学无关。所有对纯粹机械事件的解释都是从“有序来自有序”的原理而来的。平时我们所说的“机械的”事件或行为，更多的是从广义范围来使用这个名词。

马克斯·普朗克写过一篇题为《动力学型和统计力学型的定律》的小论文，与之对应的还有一篇德文版的论文《动力学和统计力学的合法性》。这两篇论文的区别正好就是我们在这里所说的"有序来自无序"和"有序来自有序"的区别。前一篇论文旨在表明控制微观事件的规律怎样构成控制宏观事件的统计力学型定律，而控制微观事件的规律就是控制单原子和单分子相互作用的"动力学"。后一类型规律性的例子，比如行星或时钟的运动等，属于宏观的机械现象。

因此，对于物理学家来说，"有序来自有序"这条了解生命的真正线索并不是新东西。普朗克甚至曾经论证过这条线索的优先权。那么我们是否就可以得出这样一个结论，认为了解生命的线索是建立在普朗克所说的"钟表装置"的基础之上抑或纯粹机械论的基础之上？我觉得这个结论是"不可全信"的，它既不可笑也不全错。

7. 钟的运动

我们可以分析研究一台真实的时钟运动。它绝对不是一种单纯的机械现象。如果是一台纯粹机械的钟的话，那么它自身就没有必要安置发条，更不必上发条。运动在它那里开始以后，就将永远进行下去。而一台真实的钟，如果没有发条的话，由于它的机械能转化成了热能，于是摆动几下就不动了。针对这种运动，物理学家提出了一般的图像，不过他们必须承认相反过程是有可能的：依靠消耗环境的热能和自己的齿轮的热能，一台没有发条的钟可能突然开始走动了。“这是由于时钟本身经历了一次较为强烈的布朗运动所致”，在这种情况下，物理学家们通常都这么认为。发现这类事情只需要使用一种非常灵敏的扭力天平，这是我们在前文第一章第 9 节里讲到的；然而对于时钟来说却是不可能的事情。

那么，动力学型或统计力学型的合法事件到底能不能包含一台时钟的运动呢？这在很大程度上取决于我们的态度。要想使钟走动，一根比较松的发条就可以做到，而这根发条需要克服的热运动干扰本身是很小的，所以可以忽略不计；这个时候我们注意的是有规则的运动，我们可以称它为一种动力学现象。然而，如果没有发条的时钟由于摩擦阻力的存在而渐渐地停摆，那么这种过程我们就可以理解为一种统计力学现象。

时钟的热效应和摩擦效应在现实环境中来看是多么微不足道，尽管如此，没有忽视这些效应的第二种看法更为基本，这是毫无疑问的。即便眼前就是一只用发条开动的时钟的规则运动，上面的观点也是成立的。这是由于认为时钟开动的机制和过程与统计力学的性质没有任何关系的观点是荒谬不可信的。当然，包括摩擦和热的真实的物理学图像中不排除这样的可能性：通过消耗环境中的热能，一台正常运行的时钟可以立刻使它的运动逆转回去，重新上紧自己的发条，向后倒退地工作等。同没有发动装置的“布朗运动大发作”的时钟相比，这种事件与它是没有什么差别的。

8. 钟表装置毕竟是统计学的

回顾一下，对于那些不适用分子统计力学原理的事例，我们可以用分析过的“简单”例子来代表。由实在的物理学的物质构成真正的钟表装置，并不是我们所认为的那种“钟表式工作”。概率的因素可能不会很多，突然之间时钟全然走错的可能性也许很小，不过它们毕竟是存在的，始终保留在统计的背景之中。即便是在天体运行中，热和摩擦的不可逆影响也是有可能存在的。例如，地球的旋转逐渐变慢，接着是月球慢慢地远离地球，这些都是由于潮汐的摩擦作用所致；但是如果地球是一个刚性旋转球体的话，那情况就完全与之不同了。

实际上，“有序来自有序”的特点，是“物理学钟表式工作”所带给人们的根深蒂固的观念。物理学家也正是在这种情况下，遇到这样的特征时便倍加受到鼓舞。表面看起来，确实有某些共同之处存在于两者之间。然而，它们之间的共同点到底是什么，使得有机体变得与众不同而前所未有的差别因素究竟是什么样的，这一系列的问题需要我们进一步探究。

9. 能斯特定理

作为原子的任何一种集合，一个物理学系统“钟表式工作的特点”或“动力学的定律”什么时候才能在其上显示出来呢？对于这样的一个问题，量子论给出了一个言简意赅的回答，那就是在绝对零度的时候。分子的无序性在接近绝对零度的条件下已经对物理学事件不会有任何作用或影响了。不过，这个规律并不是通过理论研究发现的，而是广泛地进行了在一定温度下的化学反应研究得出的结论，进而把这个结论推演到绝对零度（绝对零度实际上是达不到的）。这便是瓦尔特·能斯特[1]著名的“热定理”，我们也将其称为“热力学第三定律”。因为在它之前，已经有了第一定律和第二定律，它们分别是能量原理和熵原理。

能斯特的经验定律，由于有了量子论的理性“基础”支持，所以

[1] Walther Nernst（1864—1941），德国物理化学家，提出了绝对零度不可能达到的热力学第三定律，获 1920 年诺贝尔化学奖。

我们还可以从它那里估计出，为了表现出一种接近于“动力学”的行为，一个系统必须以什么样的程度接近绝对零度。如果可以的话，系统的温度怎样才能等同于绝对零度，这需要什么样的条件呢?

但是，千万不要误解，以为这样的温度必须是极低的温度。实际上，许多化学反应即使在室温下，其中熵所起的作用也是微乎其微的。正是有这样的事实情况存在，能斯特便从其中发现了“热力学第三定律”。

10. 钟摆实际上可看作在绝对零度下工作

室温对于一台钟摆来说，它基本上与绝对零度差不多。因此，对于它的“动力学式”工作，我们也就不足为奇了。即便是给钟摆降温，不断冷却，它还是会继续摆动。当然它上面有很多油渍的情况例外。然而，我们给钟摆加热，如果超过室温的话，它就会慢慢熔化，就不能再继续工作下去了。

11. 有机体与钟表装置之间的关系

尽管这个问题不是很重要，但是我觉得它可以反映问题的实质。钟表装置是由固体构成的，这些固体由于海特勒－伦敦力的存在可以保持一定的形状。这种力在常温的状态下，可以有效地避免热运动的无序趋向。于是，这便保证了钟表装置能够“动力学式”地工作。

了解了钟摆的“动力学式”工作，我们现在可以说说它们之间的相似点了。有机体联系着构成遗传物质的非周期晶体，正是由于这种物质的存在，使得有机体可以摆脱热运动的无序。因此，染色体纤维被我称为“有机体的机器齿轮”，虽然这样的比喻没有深奥的物理学理论，但是却很形象易懂。

这种被我称为“有机体的机器齿轮”的最显著特点是：第一，一个多细胞有机体以奇妙的方式包含着这种齿轮，关于这一点读者可以在本章第 4 节中找到我曾经对之做过的诗一般的描述；其次，这种单个的齿轮是量子力学中最为精致的杰作，在这之前是从来没有过的，并非一般的粗糙的人工制品。

事实上，我们不费气力就可以说清楚两者之间的差别，还可以证明它们两者的相似性在生物学中的独一无二以及由此引起的世人的惊叹。

后记 决定论与自由意志

我不带有任何个人偏见地阐述了我们所关注的问题的纯科学方面，我还想就这个问题的哲学方面谈谈个人纯属主观的看法。

从前面的论述中可以看出，发生在生物体内的事件，总是占据一定的时间和空间，无论这些事件是对其意识活动的反应，还是对其他活动的反应，都可以归咎为严格的决定论或者统计决定论，除此之外别无其他。我想对物理学家强调一点，与有些人的意见相反，我认为在这些事件中量子的测不准关系一般是不起什么生物学作用的。当然减数分裂、自然突变和 X 射线诱发突变之类事件例外，因为它们纯粹偶然的特性在这些事件中有可能因此加强。这一点在任何情况下都是众所周知且为大家所承认的。

像一位没有任何偏见的生物学家一样，为了论证方便，请允许我把这个决定论观点当作一个事实。尽管这种看法是与直接内省所启示的自由意志相矛盾的，但是这样就可以避免大家由于“声称自己是纯粹的机器”而产生不愉快的心情。

虽然直接经验就其本身来说是各不相同、多种多样的，但是它们在逻辑上却相辅相成，并不矛盾。因此，我们可以尝试从下面的两个前提中推导出正确且不矛盾的结论来：

（1）我的身体就像一台纯粹的机器，遵循着自然界的定律来运作。

（2）凭借我们丝毫不用怀疑的直接经验，我总是在指导着自己的身体运动，并且在运动的最后阶段总能预见到其结果。这些结果是决定性的因素，十分重要，鉴于此，我觉得有必要对这一结果负全部责任。

我认为，从这两个事实可以得出一个并且是唯一一个的可能推论是，如果有这样的人的话，那么我就是这样的人——一个按照自然规律来控制原子运动的人。其中，我是指最广义上的我，凡是能说过“我”或者能够感知到“我”的每一个有知觉的头脑都算是这样的“我”。有些概念在特定的文化圈子里已经被限定并且变得日益专门化，因此把它们的直接、简单的含义赋予它是很草率的事情。举个例子，基督教有句术语：“因此我是万能的上帝”，虽然听起来有些狂妄和亵渎神灵，但是我们先把这些含义暂时悬置起来，先仔细思考一下生物学家能否用这句话来证明上帝的存在与不朽。

对这句话的解释并不算是新鲜的事情了，可以追溯到大约

2500 年以前的记载。根据远古时期著名的《奥义书》[1]，印度人就已经认识到阿特玛（Athman，我）等于梵（Brahman）这一概念——永恒的自我——一种无所不包、无所不在的自我，其实等同于个人的自我。对世间事物的认知已经达到了最极致的状态，因而它并不是亵渎神灵的。所有婆罗门吠檀多[2]派的学者领会这句话后，都努力地把这种思想融入他们的意识之中。除此之外，历来的神秘主义者都曾经独自但是事先并没有就此进行约定地描述了他或她这一辈子所遭遇过的经验。我已成为上帝（Deusfac Tussum），这是对这些经验的最好概括。虽然叔本华[3]和其他一些哲学家一直在支持这种思想，但它对于西方的意识形态领域来说还是比较陌生的。看看那些真正的情侣，当他们互相凝视的时候，其实已经意识到了他们的思想和情趣是相似的，而且还意识到了彼此之间的和谐统一。但就感情过于激动而不能清晰思维这一点来说，他们和神秘主义者几乎如出一辙。

---

[1] 《奥义书》（*Upanisad*），古印度婆罗门教最重要的经典之一，最早的《奥义书》产生于公元前 6 世纪。主张“梵我合一”说。“梵”是最高的哲学范畴，绝对不二的本体，宇宙的始基。“梵”的理论主张从客观角度表述外部世界的本原；“我”的理论着重从主观角度表述内在世界的基础。“梵我合一”，则是要说明客观世界的本原和主观世界的基础二者在本体上是同一的“梵”。

[2] 《吠陀》（*Veda*），印度最古老的宗教历史文献。《奥义书》是吠陀文献的最后一部，又称为“吠檀多”。

[3] Arthur Schopenhauer（1788—1860），德国哲学家，唯意志论的创始人。他抛弃了德国古典哲学的思辨传统，力图从非理性方面寻求新的出路。

知觉总是在单数中被经验到的，而不是在复数中被经验到的。即使在极端情况下，比如在精神分裂或双重人格的事例中，这两种人格也是前后出现、不断交替的，而不是同时出现。我们承认一点，在梦中我们有时可以同时扮演几个角色，然而实际上这几个角色之间也是有区别的：我们总是以这个或那个角色的身份去行动或说话，我们总是几个角色中的一个；而当我们迫切地期望另一个角色作出回答或反应时，却没有意识到就像我们控制自己一样，我们也在控制着这个人的言行。

《奥义书》的作者特别反对复数这种观念，那么复数究竟是怎样产生的呢？我们知道知觉是一个有限范围的概念，它总是与一定的身体物理状态相联系，并且依赖于它。作出这个结论的前提是我们不能忽视身体发育过程中的青春、成年、老年的意识变化，或者发热、酒醉、麻醉和脑损伤等对意识的影响。然而现在的问题是，有许多肉体是极为相似的。因此，知觉或意识[1]的复数化就是一个含义比较丰富的假设，对于大多数西方哲学家和所有坦诚朴素的人来说，这个假设或许已经是一个不争的事实。

这个假设的存在，使得人们可以立即寻找到灵魂——有多少个肉体就有多少个灵魂；与此同时也产生了这样一个问题：灵魂是不

[1] 本章中 consiousness 和 mind 经常同时使用，前者译为知觉，后者译为意识，以示区别。——译者注

是也和肉体一样要经历死亡？或者灵魂是不是可以脱离肉体而永生地单独存在？第一种选择是我们不愿看到的；后一种选择却直接否认、忽视了复数性假设所依据的事实。还有许多更加愚昧的问题，一直被人们提起，比如动物也有灵魂吗？甚至是不是只有男人才有灵魂而女人有没有灵魂？这些结论虽然只是推测性的，但是多少会影响我们对复数性假设的判断，而由于这个假设的存在，它曾经影响到了西方所有的官方宗教。如果我们可以摆脱这些明显的迷信，但是对于灵魂复数性的观念却一直保留着，与此同时我们还要宣布灵魂一定是要死亡的，或者是我们用每个人的肉体最后一起死亡的说法来“弥补”复数性的观念，这样一来我们岂不是更加荒谬了吗？

因此，我们唯一的抉择就是单纯地相信直接经验，即认为关于知觉的复数性是未知的，而知觉是单数的。换句话说，这里存在着一个东西，虽然看上去有好多个，但是实际上却是由一种幻觉产生的同一东西的不同方面而已。这就像在一个有很多面镜子的房间里一样，会产生许多幻觉。

事实上，还有更多的无稽之谈妨碍着人们去接受这种简单的认识。比如，窗外的一棵树刚开始的时候并没有进入我的视野，我没有看到它。只有当这棵树通过设置才使得它的自身映像投入到我的知觉之中，这时候才是我感觉到的东西。我们可以探索到这些巧妙设计的最初简单几步。如果你站在我旁边看同一棵树，树也设法把一个映像投入到你的知觉。然而，你看到的是你的树，我看到的是我的树；而我们对这棵树是什么却一无所知。像这种夸大的言论，在康德[1]那里得到了淋漓尽致的表现，因此他是要负主要责任的。对于以为知觉是一个单数性名词的观念来说，所谓映像之类的说法是荒谬的，在这个世界上显然只有一棵树。

然而，我们每个人的经验和记忆的总和形成了一个统一体，这个统一体完全不同于其他人的。于是，我们把它叫作“我”，这是我们每一个人都可以体验到的，也是人们所公认的、无可置疑的。可是，这个“我”又是什么呢？

仔细想一想，其实这个“我”所包含的与个人资料——经验和记忆的集合相比，相差无几。这就是说，它就像一张油画画布，在其上面汇集的材料不可能超越画布所能包容的容量。如果你再仔细想想，我们所说的这个“我”，就像画布的材质一样，仅仅是把一些经验和记忆的材料聚集在它上面而已。假如有一天，你到了一个全新的国度，在这里没有一个熟悉的朋友，长时间不联系后，也许你把他们都忘记了；不过，在这个新的国度你有了新的

[1] Kant（1724—1804），18 世纪后半期德国哲学家，德国哲学革命的开创者，德国古典哲学的奠基人，近代西方哲学史上二元论、先验论和不可知论的著名代表，有重大贡献的自然科学家。

朋友，就像过去与老朋友一样，你现在也这样与新朋友相处。当你过着新的生活时，过去的生活会不时地在你的脑海飘过，但是这一点将会变得越来越微不足道。慢慢地，你可以用第三人称谈论“青年时代的我”；而正在阅读的那本小说中的主人公对你来说，会比以前更加贴心、更加熟悉、更加亲切。然而，在这样的状态下，没有死亡，也没有立即中断。即使你早期的全部记忆失去了，被一个催眠师成功抹去，但是你却始终不会死去，不会觉得他杀死了你。因此，在任何情况下，只要个人存在，他的一切情绪，诸如悲哀和凄凉都不会失去。

这种情况将会一直如此。

Part B

意识和物质

剑桥三一学院，1956 年 10 月

第一章

意识的物质基础

1. 问题

我们的感觉、知觉和记忆是建立于共同的世界之上的。虽然世界通常被看成独立的客观存在，但是这样的存在有一个最大的问题就是无法显示出世界自己。不过，它如果要显示出来的话是有条件的，这个条件就是那些发生在世界特殊部分中的一些特殊事件，这些特殊事件就是发生在我们大脑里的某些事件。由于这种关系的特殊性，于是我们不禁会问：大脑活动是凭借什么样的性质使得自身区别于其他活动，并且创造出了世界的形象呢？我们能否知道拥有这种力量的物质有哪些，哪些又没有呢？换言之：什么样的物质活动与意识有直接的关系呢？

唯理论者会以他们自己的观点作出草率的答复。他们认为，从我们自身的经验以及由此类推的其他高级动物的经验的起源来看，意识通常与发生在有机体内的某些事件相关联，即与某些神经功能有关。然而，对于有些更为本源的问题，如动物界中的意识起源可以上溯到哪一个“低级”阶段？意识的原始形态是怎样的？……我们无法回答，只能根据想象去推测。至于其他形式的事件，诸如无机物中的事件是否与意识通过一种关系相联系，那更是无端的胡乱猜测了。因此，上文的这些问题对于我们来讲是无法证明的，虽然是空想，但是无法被驳斥，因而不能对我们的认知有任何启迪。

不过，将上面这些问题悬置起来并不是理性的做法，因为逃避这些问题的回答意味着理性世界中的空白。在某些种类的有机体中，神经细胞和大脑的出现是一件极其引人注目的事件，人们都知道它的重要性和意义。神经细胞和大脑是一种非常特殊的机制，个体通过大脑和神经细胞这一特殊的机制就可以随着环境的改变而不断做出行为上的调整，而且是相互对应的调整，因此它是一种能够适应环境变化的特殊机制。无论在哪里，这种机制都能很快地占据主导地位，因此它是在所有机制中最精致和最具有创造力的。然而，它却不是独一无二的。在很多种生物体尤其是植物那里，它们可以用完全不同的方式达到相似的功能。

我们说服自己相信，在高等动物的发展过程有一个特殊的转折点——世界借助意识的光照亮了自己，也使得高等动物有了意识。如果我们不承认这点，世界就像一部没有观众的剧目，不为人所知了，从而我们也就感觉不到它的存在了。如果是那样的话，世界真的是走向了末路，一切美好的图景都将破产。我们应该想方设法找出解决这个困境的方法，而不应该因为唯理论者的嘲笑而停止我们探寻真理的脚步。

斯宾诺莎认为，在神的力量的作用下，每一种生命或事物都是一种无限实体。这样的无限实体以其自身的每一种属性尤其是思维属性和广延属性来表现自身。实体在时空中的有形体的存在就是广延属性，就实体的意识而言则是思维属性。但是，斯宾诺莎认为即便是没有生命的实体也是“神的思想”，它也存在于第二个属性即思维属性之中。宇宙中的所有物质都是有生命的，这种大胆的设想在此被提出来了；虽然这不是第一次提出甚至在西方哲学中也不是第一次。两千多年以前的爱奥尼亚哲学家曾经将其命名为“万物有生命论”[1]。斯宾诺莎后，G. T. 费希纳[2]的天才并没有由于把灵魂赋予植物或天体之一的地球及行星系而感到丝毫的愧疚。我本人并不同意这些奇思妙想，但也不想去判断是费希纳还是唯物主义更接近真理。

2. 一个尝试性的答案

我们明显地看到，任何对意识领域问题的深入尝试都会与神经

[1] 原文 Ionia 是希腊西部地名，hylozoists 指万物皆有生命，是生命与物质不可分离的学说。

[2] Gustav Theodor Fechner（1801—1887），德国心理学家。现代西方心理学的主要缔造者之一，他把物理学的数量化测量方法运用到心理学中，为后来的实验心理学的建立奠定了基础。费希纳崇尚自然哲学和具有宗教灵学的神秘思想。为论证泛灵论，长期致力于寻求一种科学方法，使精神和物质统一于灵魂之中。

活动以外的其他过程联系，陷入没有证明也无法证明的推测之中。但是，如果我们换一个相反的角度思考问题，或许论证的基础会更坚实一些。不是每一个神经活动或大脑活动都与意识紧密相随。即便它们在生物学和生理学上有非常类似的“有意识”活动，它们中的大部分也不是这样的。相继的传出刺激和传入刺激构成了所谓的“有意识”活动，在时间控制和反应调节上同样具有显著的生物学意义。这些反应中有一部分是对正在改变的环境做出的，有一部分仅发生在系统内部。后者仅仅是指脊椎神经中枢所控制的那一部分神经系统内的反射行为及脊椎神经中枢自身。有许多反射过程不属于意识的范畴，虽然它们通过了大脑；或者说它们与意识是没有任何关系的，对此我们将会做专门的研究。对于前者，这样区分的界限不是很明确；总是有中间情况处于完全有意识和完全无意识之间。人体内的相似生理过程中就有一些区别性的特征。我们只要经过观察和推理便可以寻找到。

我十分坚信，问题的答案就在下面这些人所熟知的事实中。有些事件发生时不仅有我们的感觉和知觉，还有以同样的方式不断出现的一系列行为。像这样的事件实际上已经逐渐脱离了我们的意识范畴。但如果环境条件或者场地突然发生改变，较以往大有不同的话，这些事件的发生就是有意识的。诸如此类事件的发生过程中，那些变化或“差异”最先闯入意识的领域里，它们使得新事件较以前的事件大为不同，因此便需要“新的考虑”。我们每个人都可以根据个人生活中的经验找到更多类似的事例，所以对于上述这些情况就不必要在这里一一列举了。

对于我们精神生活的整个结构来说，意识逐渐隐退的意义十分重大。通过重复的练习不断习得新的东西，我们便逐渐建构起精神生活。理查德·塞蒙[1]用“记忆”概括这个过程，我们将在后文中作进一步的论述。在生物学上，单独的一次且不重复的经验是微不足道的，并没有什么实际意义。只有有机体对情景的适当反应的学习才是最有价值的。当这种情景周期性地一再出现时，如果有机体能够保留在同一个场地中，那么相同的反应就会发生。我们还可以从自身的经验中了解到下面的情况：在重复刚开始出现的那几次中，在脑海中会出现一个新的元素，这是阿芬那留斯[2]所称的“已经遇到”或“非全部”。经过不断的反复，整个系列事件随着不断的重复越来越稳定，越来越乏味，最终成为固定程式。因此，对于这些事件的反应已经丝毫不用再怀疑它的准确性了，这时便从意识中消退了。就像男孩熟练地背诵诗歌，女孩快速地演奏钢琴奏鸣曲一样。当我们每天在同样的地方穿过街道，

[1] Richard Semon（1859—1918），德国进化生物学家，对“记忆”进行了专门研究。

[2] Richard Avrenarius（1843—1896），19 世纪德国哲学家，经验批判主义创始人之一。

沿着同样的路线去上班，这个时候我们的思想完全不在走路上面，却想着其他的什么事情。但是如果情况发生一些改变，比如我们原来走的马路现在没有了，我们必须绕道而行。这时候的改变以及我们对变化作出的反应便顺利地闯入了我们的意识。但是如果这些变化被我们继续不断地重复，它们也将再次从意识中消退。我们可以在岔路口毫不犹豫地选择正确的路线去往大学报告厅或物理实验室，但前提是我们之前经常去那个地方。

虽然这样的区分、反应的变化、分岔等的数目非常巨大，彼此之间错综复杂且互相干扰，但是意识中只保留最近才发生的、生物体处于学习或练习阶段的这些变化。我们似乎可以用一个比喻加以解释，像一名指导生物体学习的教师一样，意识总是让学生独立完成依靠自己便可以顺利完成的作业。但我强调一点，这仅仅是一个比喻。最为重要的事实仅在于，那些旧的久经练习的情况不在意识的领域之内，只有新情况及其引发的新反应才保留在意识中。

在我们的日常生活中，需要专心和细心学习的地方有很多，比如小孩第一次学习走路，他会由于第一次成功而高兴得大喊，在这个过程中他的注意力是高度集中的。成年人系鞋带、开灯、晚上脱衣睡觉、用刀和叉吃东西……所有这些动作，虽然他现在不会觉察自己在做这些事情，但是在刚开始的时候都是经过一番认真学习的。不过，这偶尔也会引发一些可笑的失误。比如一个著名的数学家，在一次家庭晚宴上，当所有的客人都到齐之后，却找不到他的身影。最后，他的妻子却发现他躺在卧室的床上。究竟是怎么回事呢？原来为了换一条新的衬衣领他来到卧室，而摘掉旧衣领的这个动作引发了正在陷入沉思的他往日习惯性的一系列动作。

在我看来，来自个体发育的这些广为人知的情况，对于我们认识无意识的神经活动系统诸如心脏的跳动、胃肠的蠕动等，有着十分重要的指导意义。它们在几乎没有任何变化或者有规律的变化情况下早已训练有素，因此在意识的领域中找不到它们。不过有些中间情况确实存在，例如通常不被人注意的呼吸，当环境变化的时候，例如在哮喘病发作或浓烟的过程中，呼吸由于发生了变化而被意识到。还有一个例子，由于悲伤、喜悦或身体上的疼痛我们突然流泪，虽然这是有意识的，但却与意志的影响没有任何关系。生物体的某些遗传特性被记忆保留了下来，虽然看起来有些滑稽，但是这些反应在过去一定有它的生理意义；比如因恐惧而毛发竖起，因极度兴奋而停止分泌唾液等，这些至今还发生在我们身上的遗传特征，原初的意义似乎已经不存在了。

我觉得肯定有一部分人不愿意和我一起论证下一步的问题，即到神经活动之外去寻找这些概念的起源。在我看来这非常重要，但是也只能作简单的提示。不过这个仅有的扩展可以帮助我们解决“什么物质事件和意识相关或者与意识事件伴随出现、什么物质事件不是这样的”等问题。我们前面论述的神经活动的特性大体说来是器官活动的特性，只要这些特性是新的，就与意识有关系。

依照理查德·塞蒙的观点，大脑甚至整个身体的发育都是在不断重复同样 1000 多次的系列事件。生命的第一阶段是没有意识的，从我们的亲身经验中便可以知道这一点。生命体在母亲子宫中最开始的那段时间以及接下来的几周、几个月里，意识都是处在沉睡的状态中。在这段时间里，旧有的状态和习惯在婴儿身上不断持续，它能遇到的有差异的具体情况是非常罕见的。接下来的时间里，只要身体器官调节自身的功能不断与环境发生作用，意识就会随着这些变化而出现，不断受到环境的影响，经受一定时间的锻炼后，被环境以特殊的方式而修改。像我们这样的高级脊椎动物，在神经系统中就拥有这样一个器官。这个器官的特殊功能与意识不断发生联系，通过经验使自身不断适应外部变化的环境。因此，物种经历发育变化的地方就在神经系统这个部位；如果把我们看成植物的话，神经系统就在茎干的顶端处。归纳一下我的假设：生物体的学习虽然与意识紧密相关，但是它对学习是怎样发生的却处于一种无意识的状态。

3. 伦理观

伦理观的问题可能对于其他人来说仍旧令人感到困惑不解，但是对我而言却十分重要。即便没有最后的理论延伸部分，我描述过的意识理论对于科学地解释道德观也是大有裨益的。

在以往的任何时代，所有的民族都恪守着一种自我否定的道德标准。伦理观在某种意义上总是与我们的原始意志相背离，以一种要求和挑战、“你应该如何”的方式而出现。“我要”和“你该”的对比是从哪里产生的呢？一切压抑原始的欲望，使得个体不能自己做主且违背真实自我的要求都是荒谬的吗？我们现在经常能听到对上述问题的嘲笑，并且这种嘲笑比其他的任何时候都要多。我们偶尔也会听到这样的口号：“我就是我自己，我需要发展个性的空间！让与生俱来的欲望恣意生长！反对我的‘应该’的一切要求都是荒谬绝伦的。”对于这些毫不隐讳的声讨，要想彻底反驳它们并不是一件容易的事情。康德的道德律[1]被他们公

[1] 康德认为人类道德的特点是实践理性，即善良意志和欲望的斗争。道德律出于理性自身是判断行为善恶的根本标准，它对主观上不免产生各种欲念的人是客观的“绝对的命令”。它可以表述成：“要这样行动，永远使你的意识的准则能够同时成为普遍制定法律的原则。”

然地当作非理性。

不过，幸运的是，这些声讨者的科学基础是薄弱的。通过对生物体形成过程的了解，我们大概知道了原始的自我欲望必然与有意识的生命进行着持续的斗争和较量。与祖先的物质遗产相比，作为自然属性的个人的原始意志和欲望是较祖先要强烈的。我们作为一个物种在不断地发展，人类进化的前沿处处是我们的身影；因此我们进化的点滴深切融入了人类生活的每一天，并且仍在积极地进行着。人类生活的每一天以及个体漫长的生命史，充其量是一座永远无法完成的雕塑上的一点细小的确凿的痕迹。这些无数的痕迹汇聚成为我们今天所经历过的巨大变化。不过有一点需要注意，可遗传的自发变异是这种转变的介质和它出现的前提。其中，突变载体的行为和生活习惯在进化过程中具有重要的影响和决定性的作用。如果不是这样的话，即使在很长的一段时间范围内，我们也无法理解物种的起源和选择的趋势；而且我们还应该知道这样的时间范围毕竟是有限的。

因此，我们当时拥有的某种形体在生命的每一天、每一步中似乎都有可能发生变化，它们或被删除，或被征服，或被某种新的形体取代。在此过程中，现存的形状对改造其形体的新形体的抵抗深刻地反映在我们的原始意志中，且以一种精神上的呼应为表现形式。因此对于我们而言，我们自己既是斧头也是雕塑，既是征服者也是被征服者。一个真正持续不断的“自我征服”在个体身上得到了淋漓尽致的展现。

群体的进化过程与个体生命、历史纪元相比是比较缓慢的，因此认为它与意识有明显直接的关系是不是很荒谬啊？这个漫长的过程是不是悄然无息地进行着的呢？

不是。根据前面的论述来看，我们可以得出情况肯定不是这样。这些考虑把意识与生理进程最终联系在一起，在与环境的不断相互作用下，改变从未间断。我们的结论还有一点是，被意识到的只是那些仍旧处于训练阶段的变化；这些变化在将来会成为固定的、无意识的物质遗传上的财富。总之，在进化范畴内意识是一种必不可少的现象。在发展的地方世界才能显示出来，或者世界只有通过发展才能产生新的形式照亮自己。意识中消失的总是那些停滞的地方，当它们与进化的地方相互作用时才会出现。

如果承认上述观点是正确的，那么内心的欲望与意识的纠结似乎从没有停止过，甚至它们之间是成比例地互生互长。尽管这些听起来似乎不符合逻辑，但是已经被伟大时代中的那些最智慧的人证实了。璀璨的意识之光是世界送给人类的最好礼物，而人类也用意识之光塑造和改变了那些凸显人性的艺术作品，还用演说和文字甚至生命来证明它。因此，内心不和谐引起的剧烈痛楚在人类那里得到了淋漓尽致的展现，它比其他任何物种的都要强烈。意识之光带来的艺术作品可以说算是给痛苦的人类一种精神上的安慰。因此，进化就是来源于这种不和谐，正是这种不和谐使得人类能够忍耐一切痛苦。

我不是一个道德的说教者，而是一名科学家。所以，不要误解我是为了寻找宣传道德准则的有效动因，才把物种向更高目标的发展提出来。既然这个道德准则是公正的动因、无私的目标，那么它必然已经包含了美德，并且时刻准备着被接受。对于康德实践理性中的“应该”，我和其他人一样无法解释。一个显而易见的事实是，这个道德以最简单的普通形式出现。尽管大部分人无法解释，但是还是为许多不经常遵循它的人所认同。像这样令人匪夷所思的情况，表明了人类正在从利己主义向利他主义转变，这一点也说明了人类的社会属性。利己主义对于单个动物来说是一种优势，它在一定程度上保护该物种的生存；但是对于一个集体来说，却是一个致命的弊端。如果一种动物处于刚起步发展的阶段，利己主义将会是它们生存的最大威胁。在像蜜蜂、蚂蚁和白蚁等这类系统发育已久的物种这里，利己主义几乎找不到踪影。然而利己主义的下一阶段，民族利己主义已经肆无忌惮地传播开来。一个极端的例子就是其他的蜜蜂会把一只迷失走错蜂房的工蜂杀掉。

在我们人类身上，某种不同寻常的情况崭露头角。在第一次变化还没有完成之前，在第一次变化的方向上前进的第二次变化轨迹就已经很明显了。尽管我们在很大程度上来说是强烈的利己主义者，但是我们中的多数人还是主张抛弃民族主义，认为民族主义是极其错误的。于是，一种奇怪的现象就会出现。在第一步还没有实现的时候，利己的动机仍然具有强烈的吸引力；不过对于第二步调和不同民族间的矛盾或许更为容易。令人恐怖的新式侵略武器随时都有可能威胁我们每一个人，因此和平是我们期望的民族间的永久主题。

本章的思考和结论可以向前推进 30 年，足见其久远性。对于我个人而言，它们从未在我的视野中消失，但是我很担心它们慢慢地从公众的视野中淡化，因为它们是以“获得性状的遗传”即拉马克主义[1]为基础。然而，即便我们抛弃拉马克主义，全然接受达尔文的进化理论，一个事实即物种个体的行为对进化的方向具有重要作用对我们来说也是成立的，因此这似乎是某种伪拉马克主义。在下一章中，我们尝试用朱利安·赫胥黎[2]的观点对上面的说法作一个简要解释；但是这些解释主要针对另外一个不同的问题，而非全然为上述的说法提供理论上的支持。

[1] 法国生物学家拉马克（1744—1829）创立的关于生物进化的学说，提出了生物进化的两条法则：a. 用进废退法则；b. 获得性状遗传法则。

[2] Julian Huxley（1887—1975），英国生物学家，托马斯·赫胥黎之孙，现代综合进化论奠基人之一。他同时提倡进化人道主义，认为人类自身有消除战争的能力，“最基本的伦理准则应是尽所能改善人类的未来”。

第二章

了解未来

1. 生物发展的死路

“对于世界的理解或解释我们已经找到了终结性的结论，或是我们的理解处于终极阶段，因此从任何一方面来看都是最大限度或最佳的。”我对这样的说法持否定的态度。当然，我持有这样的观点并不是由于现在的各门学科仍在发展研究中，哲学和宗教上的努力会对我们的世界观产生影响。实际上，我们按照这个途径在下一个两千五百年里取得的成就，也许与自普罗塔哥拉[1]、德谟克里特[2]、安提西尼[3]之后取得的成就不能相提并论。之所以这样讲，是由于我们对大脑是反映世界的所有思维器官中最高级的观点并没有十足的理由。一种可能性很大的情况是，某个物种与人类的大脑相似，但是它们反映的世界与人类的大脑相比的话，就正如把人脑的意象

[1] Protagoras，公元前5世纪的古希腊哲学家，智者派的主要代表人物，当时希腊哲学关注的重点从自然转向人。他提出“人是万物的尺度”，认为事物的存在是相对于人的感受而言的。

[2] Democritos（前460—约前370），出生于色雷斯的阿布德拉。古希腊哲学家，原子唯物论的创始人之一，他主张原子和虚空是万物的本原。

[3] Antisthenes（约前444—前371），古希腊哲学家，主张自然主义的犬儒学派的奠基人。认为美德是唯一需追求的目标，鄙视一切舒适和享受，尊重自然而贬抑习俗和法律。

与狗的相比，或者是把蜗牛反映的世界与狗的相比。

虽然原则上与我们的论题没有关系，但是如果上述可能性是真实存在的话，仍然会引起我们的兴趣。我们很想知道我们的后代，或者我们中一些人的后代，作为人类能否遇到这样的事件。地球年富力强，它完全可以充当这种事件发生的场所。在过去的10亿年中，地球是我们的生存场所，从最原始的生命形式到现在我们所进化成的模样，这些无疑都很好地证明了在未来的十亿年地球依旧是人类生存的空间。但是我们人类自身是什么样子呢？如果现在的进化论我们全然接受——我们目前还没有比这更好的理论——那么我们的文化很有可能接近停滞阶段。我们人类身体上的那些固定遗传特征能否继续进化？这是一个棘手的问题。或许，我们已经在这条路上走到了尽头或者遇到了一条死路，这并不是一件新鲜的事情。我们根据地质学记载了解到一些物种并没有灭绝，几百万年来一直保持着形态不变，或者没有明显的变化。例如，乌龟和鳄鱼就是这样的物种。我们也了解到，与动物界的其他物种相比，昆虫的种类要多得多，尽管它们也面临着同样的问题。但奇怪的是，百万年来它们的形态一直没有什么大的变化，这与地球上的其他生物在这段时间变化得无法找到最初的形态形成鲜明对比。不像我们人类的骨骼位于身体内，昆虫的骨骼在体外，因此这有可能是导致昆虫无法进一步进化的原因。虽然这样的骨骼盔甲具有一定的力学稳定性，并为它们提供了保护，但是这也导致它们无法像哺乳动物那样，骨骼随着时间的推移也经历着生长。于是，它们的个体生命史中的适应性基本上不会发生变化。

下面有几个几乎可以有效阻碍人类进一步进化的论据。根据达尔文的理论，有利的变异在自发性变异中被自动地选择。不过，这些变异只是一个非常细小的变化，对于进化的益处微乎其微。因此，在达尔文的理论中，物种的进化必须付出巨大的代价，从而导致那些有很多后代的物种只有很少一部分存活下来。一小点的改良，对于一个个体来说就是生存的可能性。但是对于我们人类来说，这种机制却是不可能的，甚至在某些情况下起着消极的作用。总之，自己的同类承受痛苦的折磨甚至消亡是我们所不愿意看到的，于是法律和社会制度便被慢慢引入到我们当中来了。这些法律和制度一方面保护生命，号召人们禁止弑婴，尽量帮助病弱的人生存；但另一方面，它们把后代的数量限制在了生计允许的范围中，这无形中相当于替代了自然选择，抛弃了那些不适应生存者的法则。这种平衡，我们可以通过实施生育控制实现，也可以通过降低育龄期妇女的生育来达到。除此之外，战争、灾难和疾病也有助于这种平衡，当然这种方式是我们不愿意看到的。无数的人们因为饥饿、毒气、传染病而失去生命。过去的部落间的氏族战争被认为是一种积极的选择，然而在历史上它的积极作用体现在哪里却是值得怀疑的。毫无疑问，这样的情况在当前是没有任何积极作用的。就像医学和手术尽力挽救每一个生命一样，战争和灾难意味着盲目杀戮。尽管我们认为战争和医术在道义上是截然对立的，但是它们都不具有任何选择的价值。

2. 达尔文主义的悲观情绪

我们人类作为一个正在发展中的物种，可能已经处于停滞状态，并且进一步发展的希望也不是很大，这些都是上文所暗示的。即便真的是这样，我们也不必要担忧。我们可以不发生变化继续存活数百万年，像鳄鱼和许多昆虫一样。但是从哲学观点来看，我们还是避免不了沮丧的情绪。因此，我必须在进化论的某一方面有所深入，这样在朱利安·赫胥黎教授的《进化论》一书中我找到了论据；虽然如果按照他的看法，这方面的论点是得不到近来的进化论者的全部好评的。

由于生物体的被动性在进化过程中表现得很突出，因此，沮丧泄气的看法很容易从达尔文的理论中获得。突变自发地出现在基因组中——基因即所谓的“遗传物质”。我们坚信一点，物理学家所称的热力学涨落规律非常适合基因的突变，也就是说它们是由概率引起的。生命个体对于从父母那里获得的与生命个体留给后代的遗传宝库一样，不发生任何影响。“自然选择适者生存”在出现的变异中发挥作用，再一次表明变异是一种概率现象。因为有利的变异在增加生物体生存、繁殖后代的希望的同时，还将被继续遗传给后代。由于变异的其他生命活性不对后代产生影响，因此这类变异似乎与生物学没有多大关系，这样的获得性状不会遗传给后代。比如，生物后天通过学习获得的技能和训练，会随着个体的死亡而消失，却不会被传递下来。于是，这种情况对于有智慧的生命来说，他们会发现大自然的无情，总是拒绝与他们合作。因此，他们总是觉得自己的生命无所作为，陷于虚无。

其实，达尔文的理论算不上真正的第一部系统的进化论。在它之前有拉马克的理论，该理论建立在下面的假设上：生物个体可以将在生育前的特定环境或行为中获得的新特征传递给后代，而且事实上也是经常传递给后代。虽然传递的这些特征不是全部的，但是至少可以看到某些痕迹。因此，如果生活在沙土或砾石上的动物的脚底长出了茧，这是一种保护性的肌肉组织，并且这种茧获得了遗传特性，那么它的后代就可以获得这样的遗传特征，而不需要在艰难的环境中通过无数次的磨炼而获得。同样地，为了特定目的而不断使用某个器官，并引起其器质性的变化都会保留下来，且至少部分会遗传给后代。拉马克这个观点让我们对生物体的那些精致细巧的身体结构和对环境的特殊适应能力有了基本的了解，而且更给予我们精神上的喜悦与鼓舞。与达尔文的悲观主义情绪相比，它更加具有吸引力。在拉马克的理论中，生命的进化链条不会中断，智慧的生命可以做出生物学上的努力来改变自身、适应环境。虽然这种生物学上的改变极其微小，但是它却是物种进化日趋完善的一个部分。然而不幸的是，拉马克的理论假设是错误的——获得性状不能遗传。虽然那些自发的偶然的突变与个体一生中的行为无关，但是它们才是决定进化的关键因素。这样的话，我们又回到了达尔文的理论那里。

3. 行为影响选择

我接下来要向你们说明事实不是这样的。不用改变达尔文主义的基本假设，我们可以直接看出个体行为在进化中的作用，虽然它是以潜在的方式在运行，甚至可以说个体行为在其中是最有直接关系的角色。拉马克主义认为，不可撤销的因果关系存在于两个方面：一方面是某一特征——性质、器官、能力或身体特征——的真正有效地使用与功能的发挥，另一方面是这个特征在漫长时间中的发展以及为了被有效利用而在世代交替中不断获得改良。这是拉马克理论中的一个非常正确的要点，这种被改良和被使用之间的联系也是这一理论中重要的一点认识。它继续存在于目前的达尔文理论中，但是如果你对达尔文理论仅限于一知半解的话，那么它就会很容易被你忽视。实际上，拉马克主义的理论描述与事物的进程几乎相同，只是它与事物的发生机制相比要简单很多。我们对于这一点不是很容易理解和掌握，所以为了帮助理解，可以先把结果表达出来。为了避免混淆，可以设想一个器官，然后就它的任何可能特征，比如习惯、装置、行为以及该特征细小的附属部分来进行讨论。拉马克认为这个器官：（a）被使用；（b）因此得到了改进；（c）这个改进传给了后代。这个观点是错误的，我们必须这样考虑——这个器官：（a）经历了偶然的变化；（b）积累了有利的变异或至少有利的变异总是被选择；（c）一代一代继续下去，被选择的变异形成了持续的进化。根据朱利安·赫胥黎的解释，拉马克主义与达尔文主义最为相同的地方在于：真正的突变并不是引发过程的最初变化，也不是那种可以遗传的类型。但是如果这种突变是有利的，它们会被所谓的“器官选择”所作用；当这些突变朝着“理想”的方向作用时，它们就会为真正突变的到来提供服务。

让我们对上文作一些讨论吧！新特性的产生常常源于突变或突变外加一点选择，它很容易使得生物体与环境发生作用，从而使生物体朝着对自身更加有利的方向发展。由于拥有新的变化特征，个体便具有改变它的环境的某种能力。这种能力体现在具体的改造或是迁移，或者根据环境的需要来改变自己的行为。无疑地，新特征的有用性依靠这些具体的能力得到了加强，从而使个体沿着这个方向加速了选择性改良的速度。

或许你认为这个论断不严谨，毕竟它需要个体具备较高的目的性和智力水平。但是我想说明的一点是，这个论断中的个体虽然包括高等动物的有目的性的智慧行为，但是这种行为在其他动物身上也有可能出现而不仅仅限于高等动物。有几个这样的例子如下：

一个物种中的个体所面临的环境并非完全相同，而是有差异的。例如一种野生植物的花朵，有些生长在阳光下，有些生在背阴处，有些生长在低谷的谷底，有些生长在高山的山脊。例如多毛的树叶的变异，在海拔高的地区它生长得非常好，而在低谷中几乎找不到它的影子，于是它被高山选中。结果好像是多毛的变异使得迁往高山这个环境对它进一步的变异更加有利。

另一个例子：鸟儿凭借自己的飞行能力在高高的树梢上筑巢，这样它们的幼仔就不会被其他动物吞食掉。习惯于在这种高度飞行的鸟儿就具有了选择性优势，而这样的高耸住所也必然会选择出幼鸟中那些能够飞起来的鸟儿。因此，环境由于这样的飞行能力而有所改变，或者说使得个体的行为不断朝着有利于这样的飞行能力的环境改变。

分化成物种是生物界最为显著的特征，许多物种对于它们赖以生存的特殊复杂行为具有一定的特异性。如果动物园能够把昆虫生命发展的历史也包含进去，那么它就是一个名副其实的奇特动物博览会了。但非特异性是例外，规则仅仅适用于那些具有特殊技巧的特异性，这种特异性如果大自然制造不出来的话，没有人会想到有这样一种特异性。但是，非特异性却不是这样。人们很难相信达尔文的“偶然积累”居然已经论及了这些特异性。无论你愿不愿意，事情总是这样的：“简单明了”在生物的发展过程中由于受到外在力和倾向性的影响，越来越变得遥不可及；而且“简单明了”似乎代表着事物处于一种不稳定的状态。与“简单明了”不断分离可以引发新的力量，从而加剧了在这个方向上的进一步分离。尽管达尔文的观点已被人们所接受，并且人们也经常引用他的理论来思考问题；但是如果生物体的某一种特性是由一系列的偶然事件所致，那么达尔文主义在这个问题面前就束手无策了。我坚信一点，这种结构只源于那些“在某一方向”上的初始微小起步。越来越系统的选择在起初获得优势的方向上不断创造出“锤击可塑材料”的环境，这样物种就发现了它们前进的生命方向，并且将会沿着这条路一直走下去。

4. 伪拉马克主义

人们通常认为，个体的某种优势来自于偶然突变，并且由于这种优势使得个体能更好地适应环境和生存。这样的情况我们必须换一种方法来说明，为什么与通常的看法相比，偶然突变更能起到显著的作用呢？换句话说，为什么它们的自身被利用、使用的可能性能有效地提高进而能够接受环境的选择性影响？

为了说明这一点，我们可以把环境看作不利和有利环境的总和。不利的环境包括来自其他物种的威胁、毒药和恶劣的环境等；有利的环境包括食物、水源、房屋、阳光及其他。为了简单明了，我们将第一种称为“危害”，第二种称为“需求”。并不是每一种危害都可以避免，每一种需求都可以满足。一个物种为了生存往往采取在获取资源满足最迫切的需求和避免最致命的敌人之间的一种折中行为。有利的突变可以减小来自某些敌人的威胁，或者使资源更易于获得，或者是这两种优势都有，因此它提高了个体的生存概率。此外，由于有利突变改变了个体接受需求和灾祸的相对比重，因此它还改变了最佳的折中点。于是，选择更青睐于那些能够通过智力或机会改变它们行为的个体，因而它们也更容易被选中。虽然这种行为的变化不能通过遗传基因的作用传递给下一代，但是这并不意味着它们不会被传递。多毛突变型的产生就是一个最简单和最直接的例子。多毛突变型的高山优势使得它们将种子播散到更多的“山坡区域”，这样可以有利于它们的下一代整体上迁，会更加促进它们的有利突变。

上文的论述我们必须明确一点，整个环境是动态发展的，这其中的斗争也是很激烈的。一个大量繁殖的物种，除了个体的存活以外，它们的整体存活率由于外部威胁的存在远远大于需求导致没有明显的增长。还有一点，危害和需求总是一起到来，只有在勇敢地面对敌人时紧急的需求才能得到满足。正是由于危害和需求这种错综复杂的关系，使得一个减小危险的特定突变会产生极大的影响，这种影响直接波及那些挑战危险并且能够避免其他危险的突变。于是，一种未曾频繁出现但是却很值得注意的选择就会出现，不仅与遗传特征有关，还与使用这种特征的技能有关。后代通过学习或示范就可以学会这种行为，同时行为的转变反过来又促进了在这个方向上的有利突变。

这与拉马克描绘的生物机制几乎相同。虽然既没有将引起的任何变化直接传给下一代，也没有获得性行为，但是行为在这个过程中发挥着十分重要的作用。然而，这里面的因果关系与拉马克认为的恰恰相反。父母的身体通过直接或间接的选择改变了它们的行为；行为的变化又通过示范、讲授或者其他更为原始的办法，与基因携带的性状变化一起传给了后代；而不是拉马克认为的那样，行为改变了父母的体格，并通过遗传改变了后代的形体。“通过教授”为迎接未来遗传上的突变敞开了大门，并且能够随时最好地利用那些变异，使其更容易被选中，因此这种方式的传递行为是一个非常有效的进化因素。

5. 习惯和技能的遗传固定

行为本身的变化并不通过身体遗传、通过遗传物质和染色体来传递，所以有人可能会认为我们这里描述的情况只是偶尔发生，不会无限地继续下去从而形成一种适应性进化的基本机制。因此，我们的观点会得到一部分人的反对。的确，遗传上确实不能保证习惯和技能的稳定性，并且它们是如何融入遗传基因的宝库中也是个未解的问题。然而另一方面，我们确实看到例如鸟类筑巢、猫狗的清洁等习惯可以遗传，这些都是明显的例子。如果依照传统的达尔文思想的话，这些将无法解释；由此看来，达尔文主义在这个问题上显得捉襟见肘。一个人在他生命中的全部努力和劳动能对物种的发展作出什么样的贡献，我们希望能在纯粹生物学的意义上推理出。因此，这个问题在人类身上考证其真实性有着非常重要的意义，下面是我所作的一些简单描述。

根据我们的假设，身体的变化与行为的变化是平行的，后者是前者偶然变化的一种结果，由于它自身利用了最初的优势，并且只有在同一方向前进的突变才具有选择价值，因此它会很快引导深入的选择机制进入既定的路线。行为随着新器官的发展越来越与其紧密相连。如果你从来没有做过具体的劳作但却拥有一双灵巧的手的话，那么这双手一定会妨碍你。从来没有经历努力的飞翔，你不可能拥有一双翱翔的翅膀；从来都不模仿周围听到的声音，你也不可能拥有一个精致的发音器官。把强烈希望使用某个器官并通过练习提高其技能与拥有一个器官看作是生物体的两个不同特征，这只是一种人工的划分方法。这种划分在自然界中找不到对应，它只能通过抽象的语言来实现。行为是不会主动进入染色体的结构并在那里拥有其一席之地，这是我们都欣然同意的。但是，新器官自身携带的习惯和使用方式如果没有在生物体的使用过程中起到实质性的协助作用，那么选择机制在“制作”新器官的过程中就显得毫无作用了。因此，就像拉马克说过的那样，这两个平行发展的事物会在遗传上固定下来，并最终合二为一形成一个使用过的器官。

与人类制造工具的过程相比，这个自然选择的过程对我们有一定的启发意义。如果不仔细研究的话，它们之间似乎有非常明显的区别。当人们非常急躁地制作一个精致物体时，在完成的过程中反复地使用它很有可能摧毁它。而大自然却不是这样，虽然它无法制作出生物体新的器官，但是它以连续的方式不断检验生物体新器官的效率，使得它们在自身的检验中不断完善，这是与人工制作完全不同的。然而，这个事实上的类比却是错误的，人类制造工具相当于个体从种子发育到成熟的过程，这其中有很多干扰因素是被限制的。在获得该物种拥有的全部技能和力量前，幼小者必须被保护而不能让它们工作。也许用自行车的发展历史和生物进化作类比更为合理。展览会可以用火车、汽车、飞机、打字机的历史来作对比，告诉你这种工具是怎样一年又一年、一个时代又一个时代地经历着变化。不过最为关键的地方在于，就像在自然进程中一样，上面所说的机器应该是被连续使用的，从而在此过程中不断得到改进；事实上是依赖实际获得的经验和改进的需求使得改进不断完善，而不是仅仅依靠使用来完成的。顺便讲一下，这里作类比的自行车就像一个老的有机体，已经到达了它可以达到的最完美阶段，因此以后将不会有新的变化。不过，它将继续保留而不会消失。

6. 智力进化的危险

让我们重新回到开始的那个问题：人类到底有没有进一步进化的可能性？上面的讨论已经为我们提供了一些论点。

第一点是关于行为的生物学重要性。虽然行为本身不能遗传，但可以不同程度地加速生物体进化的过程；只要生物体在这种过程中能够顺应于天赋的器官功能以及外部的环境，并且能够随着两者中任意一个因素的改变而进行有效调节。在植物和低等动物中，恰当行为的产生源于缓慢的选择过程，换句话说，改错和试验可以造就恰当的行为；而高智商的人类可以按照自己的选择来行事，于是便可以有效地克服诸如过程缓慢、生育较少等不利因素带来的障碍。从生物学的角度来看，如果让后代的数量超出生计保障的最大范围，这是一种很危险的情况。

进一步的进化对于人类来说还有可能吗？这在很大程度上取决于我们自己和我们所做的事。这一点是与前面一点紧密相关的。我们不能想当然地认为有些事情是由不可逆转的命运决定的，并任由它们发生。如果我们不需要它，就不要采取行动。反之，如果我们需要它，就必须采取行动。正如历史和政治的发展以及历史事件的次序在很大程度上取决于我们的行动而不是强加给我们的命运。因此，作为一种在大时空范围内的历史过程，生物的未来不是不可更改的，也不是按照自然法则预先决定的。可能表面上看起来自然法则似乎在关注着每一个高级的物种，就像我们观看鸟和蚂蚁或观看剧中的表演者那样，但实际上却不是这样。无论在狭义上还是在广义上，历史总是被人们看成预先注定的事件并且被固定的法则和规则控制。之所以会这样，是由于每个个体在这件事上都会感觉到自己的渺小，他既不能说服他们、调整他们的行为，也不能使别人接受自己的观点。

为了保证我们的生物学未来，必须做出一些具体的行动。就我个人而言，我认为错过“通往完美之路”的危险系数越来越大。从上文可以看出，在生物的发展过程中，选择是一个确定的必要条件。如果将选择彻底抛弃的话，发展不仅会停滞，而且还有可能会倒退。用赫胥黎的话来说就是：“……有害突变会直接导致器官的退化，当退化的器官没有价值的时候，选择也就失去了效力，不能继续保持进化的痕迹。”

在我们这个时代，大多数“使人愚蠢化”的生产过程和高度机械化程度无不包含着使我们的智力器官严重退化的隐患。当聪明工人和迟钝工人的生存机会伴随着手工业的衰退和生产线单调而枯燥的工作的普及而变得日趋相等的时候，聪明的脑子、灵巧的双手和敏锐的眼睛就成为多余。而对于一个不聪明的人来说，枯燥乏味的苦干、生存、安家、养育后代似乎更适合于他的天性。这样的话就有可能导致天赋和才能方面的负面退化。

为了帮助人们减轻辛劳，现代工业社会的一些机构便应运而生，诸如拥有许多福利和安全措施、保护工人不受失业的威胁等等。虽然这些措施是不可或缺的，但也是十分有意义的，它减轻了个人发展自己、照顾自己的责任，从而使每个人在机会上倾向于均等，也消除人们在能力上的竞争——这对生物进化来说无疑是一个很大的障碍。不过，人们肯定会拿出一大堆有力的证据来说明福利的益处远大于它自身引起的对生物进化的危害，这一点我早已经意识到了。但是，从我个人来看，益处和危害是一起出现的。除了欲望之外，枯燥也成了我们生活中痛苦的又一根源。我们必须改进发明出来的机器，让它做那些对人类来说是机械的、枯燥的工作；而不是让这些机器生产越来越多的额外奢侈品。不要把宝贵的人力浪费在可以用机器来做的工作上，应该将人类已经十分熟练的劳作都让机器来完成。这样做的效果可以使参与的人更加快乐，尽管这种做法对降低生产成本没有多大意义。然而，这种做法终究是无法实现的，因为对生物进化毫无价值的世界大公司和企业间的竞争一直存在。总之，把个人间的有智慧的竞争恢复到应有的位置上是我们强调的主要目的。

第三章

客观性原则

大自然的可理解性原则和客观性原则是我九年前提出来的，这是构成科学方法的基础的总原则。至此，我便经常用到这两个原则；在我最近出版的小册子《自然与希腊人》中也出现过。我想详细讨论的主要是第二个原则——客观性。在讨论之前，我先澄清一下可能会产生的误解。从这本小册子的评论中我发现这种误解的存在，虽然我极力避免误解产生。由于一些人似乎认为我企图给科学方法的基础制定一些基本的原则或是建立一种必须不惜一切代价去坚持的科学基础。然而，事实并不是他们所想的那样；我坚持的这两个原则都是古希腊思想的传承，西方的科学和科学思想也都源于此。

其实，这个误解的产生是可以理解的。当你听到一名科学家宣布两个基本的科学原则并指出它们特别重要且具有优秀的历史地位时，自然就会想到不仅这两个原则是这位科学家所信奉的，而且这位科学家也竭力希望得到他人的认可。但是事情的另一方面是，科学从来只是陈述一个事实，它从不强迫人们相信任何事物。对客观事物作出合理恰当的陈述是科学的基本目的。只有真理和真诚才是科学家强加于他人的，除了他自己以外，他也在迫使其他的科学家认可和遵从。而在现在的例子中，经历发展和变化的当今科学状态及本身是我们研究的对象，而不是所谓的在未来应该成为或发展成为的科学状态。

现在转而看看这两个原则吧。对于第一条自然可以被理解原则，我只想简单谈一下。它起源于希腊的米利都学派[1]和自然哲学派。从那以后，虽然它也经历了一些变化，但是基本上保持了原样。不过到今天，现代物理学的某些观点可能会对它产生严重的冲击。物理学中，声称自然界中缺少严格因果关系的不确定原则[2]，便有可能部分地抛弃或者背离它。这个话题继续深入可能会非常有意思，但是我还是决定换另一个原则——客观性原则来进行讨论。

客观性原则，也常被我们戏称为对周围“真实世界的假说”。这是一个十分简化的概括，它可以帮助我们掌握自然世界中无限复杂的问题。认知主体被我们排除在自然界之外，而我们自己却扮演一个世界的旁观者，这个旁观者不属于这个世界，于是通过这样的转变，世界就成了一个客观世界。然而这个方法可以引起几点混淆。首先，我们通过知觉、感觉、记忆等构建起来的客观世界中，自然也包括我们自己的身体。第二，其他人的身体也是这客观世界中的组成部分。我坚信其他人的身体也是意识领域中

[1] 米利都学派，古希腊最早的哲学学派，代表人物为泰勒斯、阿那克西曼德和阿那克西米尼，认为自然界不是神创造的，而是永恒运动和发展着的物质。

[2] 量子物理学中测不准关系（不确定原则）指出：当微观粒子的坐标测得越准，它的动量（速度）就测得越不准；反之亦然。这一对物理量不能同时测准，因而经典物理学中的那种因果关系不再保持。

的一部分，或者也是与意识领域相连的。虽然我无法进入他人的意识领域，但我对它们的存在从不怀疑。因此，它们也是客观事物，也成为构建周围的真实世界的一部分。既然他人与我没有什么区别，并且在目的和意图上是完全对称的，于是我可以断定我自己也是构成我的周围物质世界的一部分。于是可以说，我是把感觉到的自己放回到这个世界中。至此，逻辑上的混乱便从这一步步的错误推论中产生。我们将要针对每一步推论指出其存在的错误，但是我首先要指出的是两个最为明显的悖论。我们清醒地意识到，要想获得令人满意的世界图画，就必须把自己置于这个画面之外，这样才能使得自己成为一个与这个画面没有关系的旁观者。正是由此，两个悖论便产生了。

第一个悖论是我们发现世界是“无色、冰冷、无声”的。既然我们摒弃了个人意识在世界中的位置，那么颜色与声音、冷与热从何而来呢？因为这些元素是我们的直接感觉，而直接感觉是与个人的意识紧密相关的。

第二个是我们极力寻求意识与物质的相互作用几乎是徒劳而已。谢灵顿爵士[1]在其著作《人与自然》一书中表达了他对这一问题的看法。把我们自己包括自己的意识排除在外是建立物质世

[1] Charles Scott Sherrington（1857—1952），英国神经生理学家。由于在研究神经系统功能上的杰出成就，获1932年诺贝尔生理学或医学奖。

界的前提；而物质世界中没有意识，因此意识是无法作用或被作用于物质世界的任何部分。

如果想要作更详细的描述的话，请允许我先引用荣格[1]文章中的一段话。当我们将认知主体排除于客观世界之外，付出高额的代价而获得一幅令人满意的世界画面时，荣格作了进一步的阐释，他说：

> 一切科学都是心灵的活动，心灵是我们一切知识的源泉。一切宇宙中的奇迹，其中最伟大的莫过于心灵，作为客观事物的世界就是建立在它之上的，因此它在此过程中是必不可少的条件。西方世界好像对心灵的作用视而不见，这是很令人奇怪的。认知主体面对来自外界的认知对象时，悄悄地退回幕后，于是在客观世界的画面中便不再有它的存在。

当然，由于荣格长期致力于心理学研究，对于这个话题他比一般的物理学家或生理学家更具敏感性。对于我们描绘客观世界时摈弃意识、忽视心灵的做法，荣格是持否定态度的。但是，我想用几个相反的例子作为他的观点的进一步补充。

[1] Carl Gustav Jung（1875—1961），瑞士心理学家及心理治疗学家。

大家可能都还记得 A. S. 爱丁顿[1]关于两个书桌的论述：一个是科学视野中的旧家具，它丝毫没有感觉的成分，但却充满空间；另一个是一件熟悉的旧家具，他坐在它旁边，胳膊放在上面。在这样的场景中，空旷的空间、虚空是其中最大的空间，这里有数不清的一些微粒；虽然这些电子和原子核的旋转速度非常快，但是由于它们自身体积的微小，彼此之间相隔的距离是自身体积的数十万倍。A. S. 爱丁顿将这两者比较一番后，作出了总结：

在物理世界中，映入我们眼帘的是我们生活的投影图。我肘部的影子放在了影子桌子上，影子纸张上流淌着影子墨水……相信物理学与影子世界有关，这是近期获得的最重要的进展之一。

不过我们必须注意一点，并不是说直到现在我们才获知物理世界的影子特性，其实早在阿布德拉的德谟克里特时代或更早的时候，就已经有了这个观点，只不过我们一直没有太关注而已。19 世纪后期，用图画或模型一类说明科学概念的方法逐渐出现，而之前的研究我们一直都认为研究的是世界本身。

那以后不久，《人与自然》出版了，作者谢灵顿爵士在这部书

[1] Arthur Stanley Eddington（1882—1944），英国天文学家、物理学家、哲学家。由于他的建议、领导和亲自参与，广义相对论的两项天文学验证得以完成。

中对物质和精神相互作用的客观证据进行了不懈而诚实的探究。人们普遍认为这种客观证据是不存在的，谢灵顿爵士对此也毫不怀疑；不过他仍然付出了巨大的努力，去探求他深信不能找到的东西。在《人与自然》第357页他总结了探寻的结果：

意识是这样一种东西，在我们的空间世界里它很神秘，它可以被任何知觉所包围。它不能被感官确认，而且永远无法确认。它不是“实体”，摸不着，看不到，更是一种没有轮廓的东西。

我用自己的话转述一下上面的观点：通过自身的材料，意识为自然哲学家建造了一个客观的外部世界。只有意识从概念的制造中撤出，把自己排除在外，它才能完成这个宏大的任务。由此可见，客观世界并不包含意识的缔造者。

除了上面的引述之外，我还想转引书中其他具有特色的叙述：

物理学……使我们面临一个僵局——意识自己无法弹奏钢琴，意识自己无法移动手指。（222页）

于是我们碰到了僵局。对意识如何作用于物质一无所知。逻辑因果关系的缺乏使我们动摇。这是否是误解？（232页）

与20世纪实验生理学的结论相对应，17世纪的伟大哲学家斯宾诺莎的观点如下（《伦理学》第三部，第二点）：

身体无法限定意识思考，意识也无法限定身体去运动、休息或其他行动（如果有的话）。

如此看来，我们不得不承认这是一个僵局。如果是这样的话，我们是不是就不是我们的行为执行者了？但是我们依旧觉得我们是自己行为的负责人，我们是自己行为后果的承担者——受到惩罚或奖励。我始终认为现今的科学无法解决这个悖论，现今的科学在“排除原则”[1]的陷阱里不断挣扎，然而它却对此置之不顾，它也从来没有认真处理过这样的悖论。意识到这个问题是难能可贵的，但是问题依然摆在那里没有得到解决。如果想要解决这个悖论的话，那么必须更新科学的面貌，重建科学的态度，然而这些需要十分谨慎。

于是，我们不得不正视下面的这种情况。作为意识器官的感官产生了建造我们世界的材料，于是每一个人的世界是而且总是他自己意识的产物。它是否还存在于其他地方，我们无从知晓，

[1] 排除原则是指将认知主体排除于客观世界之外的原则。

但是意识本身在其构建的世界中是陌生的，在这个世界里没有它的一席之地，因此你无论如何都无法找到它。然而，由于我们已经习惯地认为人的个性或动物的个性完全存在于身体的内部，因此我们又总是忽视刚才提到的事实。不过，我们在身体内找不到意识，我们又不得不接受这个事实。我们固执地认为，一个人的大脑——两眼中间一两英寸后的地方才是意识的居所地。在那里，根据外在的不同情况，理解、喜爱、温柔、怀疑或愤怒的表情等被一一赋予我们。眼睛是一个完全接受性的感官，也是唯一一个我们没有认识到具有这样特性的感官。相反，我们更愿意认为光线不是来自外界，眼睛内部可以释放视线。你会在幽默的图画中发现用虚线勾勒的一条“视线”，它从眼睛射出，指向要看的物体，另一端的箭头表示方向；或者你会在物理学中为了解释光学仪器或法则而作的草图中发现这样的图像。亲爱的读者，尤其是女读者，当你送给孩子一件新的玩具时，他会向你传来闪亮愉快的目光；然而物理学家却告诉你不是这样，眼睛里没有任何光芒。

把性格和意识仅仅局限于身体的内部只具有象征的意义，这只是作为一种辅助手段以方便实际用途。还是让我们看看身体内部的具体情况吧，对于这样的探索可以用我们掌握的全部有关知识。在身体内部，我们会看到有趣的繁忙景象。如果你愿意的话，其实可以把身体内部当作一台机器。无数分工专业化的细胞在那里排列着，虽然以一种特定的形式排列，但是却异常复杂。这些细胞之间进行着相互的沟通和合作，意义深远，技艺高超。成千上万细胞间的联系在规则电脉冲的搏动下，迅速改变着形态，在神经细胞间瞬间开启和闭合，于是便引起了一系列的化学变化和其他许多未知的变化。我们见到的就是这一切，随着生理学的发展这些会得到更多的解释和了解。现在我们假设在一定的条件下，你观察到了从大脑传出来的脉冲电流，凭借细胞突起传送到手臂的某些肌肉上。于是在分离告别的场景下，手臂艰难地与你挥手道别；而且这时你的双眼明显地感到被脉冲电流引起的某种腺体分泌物蒙上了。但是，即便生理学的发展达到了很高的水平，从眼睛通过中枢神经传至臂膀肌肉和泪腺的路上，都不可能找到你的性格特点，也不会看到伤痛和担忧。尽管事实上你能体验到它们，它们的存在十分真实，但是你就是看不到它们。我们通过生理学分析可以去了解别人，了解身边的朋友，这使我想起了爱伦·坡[1]编著的故事《红色死亡假面舞会》。小王子和他的随从为了躲避当地红色死亡的瘟疫撤退到了一个与世隔绝的城堡中，他们在一个星期后举行了一场假面舞会。人们都穿着奇装异服，并

[1] Edgar Allan Poe（1809—1849），美国诗人、小说家、批评家。他的短篇小说大致可分为恐怖小说和推理小说，前者包括《红色死亡假面舞会》，后者如《毛格街血案》等。

且戴着面具。其中有一个人十分引人注目，他个子很高，穿着一身红色的衣服，由于戴着面纱，人们无法看到他的面孔。很明显，红色就是瘟疫的象征，所以在场的每个人都很害怕。一方面是因为他的装扮，一方面大家怀疑他是不请自来的入侵者。最后，一个年轻勇敢的青年走近他，迅速揭开他的红色服装和面具，却发现里面什么也没有。

我们的头脑里并不是空无一物的，在那里有许多感兴趣的东西；但是与我们的丰富生命和情感相比，根本算不了什么。

我们还可以援引当前流行的量子物理学说的主要代表 N. 玻尔[1]、W. 海森堡[2]和 M. 玻恩[3]等人关于主观认识问题的观点，可以补充上面的那些考虑。我首先对他们的观点作一个非常简要的描述：

我们可以通过“接触”它来对一个特定的自然界物体作出客观的描述，这种接触是一种真正物理意义上的相互作用。如果我们将它完全孤立，这时将无法获得对它的任何了解。即使我们只

[1] Niels Henrik David Bohr（1885—1962），丹麦物理学家，原子结构理论的创立者，哥本哈根学派的创始人，1922 年获诺贝尔物理学奖。

[2] Werner Karl Heisenberg（1901—1976），德国理论物理学家，量子力学（矩阵力学）的创始人，1932 年诺贝尔物理学奖的获得者。

[3] Max Born（1882—1970），德国理论物理学家，量子力学的奠基人之一，由于提出了波函数的统计学诠释而获得 1954 年诺贝尔物理学奖。

是看着这个物体，它也是受到光的照射然后映射到我们的眼中。由于这种扰动既不是完全不相关的，也不是可以被完全探测的，因此，经历艰辛的努力探索之后，我们对观察的物体总是有一些可以了解到的，也总有一些我们是无法察觉或者我们无法准确描述的。所以，我们无法对物体作出完整的、没有一点缺失的描述。

如果这个观点是正确的，那么这是否与自然的可理解性相矛盾？其实，上文的观点并不是要非难自然的可理解性。在开始的时候我就说明了一点，我所强调的这两个原则不是对科学的约束，只是表达了许多世纪以来物理学广为遵循的原则以及其中一些无法改变的东西。我个人觉得我们现在拥有的知识还不足以去改变这些原则。我们可能会把模型修改成不会显示那些遵循这两个原则即可显示的对环境变化适应较强的特性。由于这是一个物理学内部的问题，在这里我们无法详细解答。主观与客观的神秘分界线已经被物理学的新发现进一步推进了，并且它告诉我们的这个界限不是最明显的。它还告诉我们，对物体本身的观察行为不会修改对这个物体的观察；由于观察方法的改进和对实验结果的缜密思考，主观与客观之间的界限已经不复存在。

像许多古代和近代的思想家一样，为了批判这些论点，我们可以首先接受由来已久的关于主客观区别的观点。从阿布德拉的德谟克里特到柯尼斯堡的康德，这些接受这个观点的哲学家都强调个体的感觉、知觉和观察，都具有十分浓厚的个人主观色彩，然而并不能传递“物自体”[1]的本质。我们永远无法了解“物自体”，康德使得我们彻底放弃理解“物自体”的努力，尽管有些思想家认为人们或多或少地误解了“物自体”。因此，我们以前熟知的观点，认为一切现象都具有主观性，现在又有了新的进展——我们感官的性质和即时的活动状态决定了我们从环境中得到的印象；反过来，我们以及用来观察环境的装备也不断地改变着环境。

在某种程度上情况确实是这样的。根据现有的物理学法则，这种改变不能被降低到特定的界限。尽管这样，我还是不愿将其称为主体对客体的直接影响。主体即便是事物的话，也是那些能进行思考和感觉的事物。从谢灵顿和斯宾诺莎那里，我们可以知道感觉和思考不是“能量世界”的元素，因为它们不能使能量世界产生变化。

上文关于主体与客体区别的观点，都是从先前的历史上继承下来的古老传统。我个人认为应该抛弃这些思想，尽管我们为了实际的参照在日常生活中必须接受它。崇高但却空洞的“物自体”概念对于我们而言，永远是无法探究的，康德的哲学理论向我们揭示了这一缜密的逻辑关系。

---

[1] 康德认为人们所得到的具有普遍性与必然性的知识是纯主观的，丝毫不反映作为客体的物自体。

我的意识与我的世界是由相同的元素组成的；同理，虽然其他人的意识及其他人的世界之间有着许多大量的相互参照，但是它们之间的组成元素也是大体相同的。给予我的只有一个世界，这个世界是存在和感知互为一体的世界而不是其他。主体与客体在同一个世界中，尽管物理学现在的实验一再地证明主体与客体之间的界限，但主客体仍然是同一个世界，因为它们之间的界限实际上是不存在的。

第四章

算术悖论：意识的单一性

到目前为止，我们已经描绘了无数科学世界的图画。然而，我们为什么在这些图画当中找不到感觉、知觉和思考的自我呢?我想原因很简单，用一句话表示就是：因为它就是那幅画面本身。正是由于整个画面就是它本身，所以它无法作为一个部分而被包括进去。其实，在这里我们遇到了一个无法回避的算术悖论：看起来有许多有意识的自我，然而这世界却只有一个。世界这个概念本身就产生了它自己。我们周围的真实世界是由无数人的意识重叠领域构成的。但是我们仍会有疑问：你的世界和我的世界真的是一样的吗？是不是存在一个更为真实的世界，它不同于我们任何一个人通过感官的内部投射而获得的世界？假如真是这样的话，那么世界对于每个人的感知而言是不是一样的呢？抑或我们感知到的世界与真实的世界本身大不相同?

这些问题可以反映实质，具有一定的创新性。不过，这些问题在我看来具有很强的迷惑性。一方面它们没有明确合理的答案，另一方面它们还会导致二律背反的出现，即刚才上文所说的算术悖论。无数个有意识自我的精神体验共同缔造了这个真实的世界。如果这个算术悖论得以解决的话，其他的所有问题都可以迎刃而解，包括它们的虚假性问题。

其实，这个算术悖论又可以通过两种不同的方法来解决；不过，从现代科学的角度来看，这两种方法似乎都不可能。其中一个方法是莱布尼茨[1]的单子学说中世界的多重化：每一个单子自身就是一个世界，它们之间没有必然的联系；这些单子“没有窗户”，被“单独监禁”。但是通过一种所谓的“预先建立的和谐”它们可以彼此相契合。对于莱布尼茨的观点，我觉得没有人会对它感兴趣，它也不会很好地解决数字上的矛盾。

还有一种方法就是所有的意识或知觉的统一。多重意识只是一个表象，实质上它们是一个意识或者说统一于一种意识。这就是《奥义书》中的学说。《奥义书》不仅对此持有这种观点，只要与神合一的神秘现象，它通常都是持有这种观点；当然如果有强大的预先的反对意见存在，那就另当别论了。请允许我引述 13 世纪的伊斯兰波斯神话这样一个例子，它不属于《奥义书》中的事例；接下来的内容是我摘自弗里茨·迈耶的文章并将其从德译稿中翻译过来：

一切生物死亡之后，身体回归到身体的世界，灵魂回归到灵

[1] Gottfried Wilhelm von Leibniz（1646—1716），德国哲学家、唯理论者，杰出的数学家，数理逻辑的创始人。莱布尼茨的哲学思想，是一种客观唯心主义，通常称为“单子论”。他主张构成万物最后单元的实体不应具有广延或量的规定性，而应具有各自不同的质，并应具有“力”作为推动自身变化发展的内在原则，这样的与灵魂类似的某种实体称之为“单子”。

魂的世界。不过，在死亡的过程中只有身体发生了变化。而灵魂世界由于只是唯一的灵魂构成，因此它就像身体世界后的一盏灯。每当一个生物形成的时候，灵魂的光芒就像阳光穿过窗户一样照射进身体。窗户的大小和种类决定了光进入世界的多少，但是光本身却没有发生任何变化。

十年前，A. 赫胥黎[1]出版了一本名为《永恒的哲学》的著作。在这部珍贵的著作里，作者收集了各个时代和民族各种各样的神话。只要翻开它，你随处都可以找到许多优美的表达。尽管许多民族和宗教相隔年代久远，并且位于不同的地理区域，生活在地球上彼此不同的地方，但是他们中的许多神话却十分相似或一致。对此，难道你不会有莫大的惊诧吗？

但是我们不得不说明一点，这个学说被斥责为毫无意义，且是荒谬和非科学的；它对西方的思想几乎没有任何吸引力。我们现代的科学源于古希腊科学的传统，客观性是它的基础。正是由于这种客观性的存在，严重阻碍了现代科学对认知主体或精神活动的恰当理解。对认知主体或精神活动的探究是我们现有的思维方式所不擅长的，而东方的思想却包含我们现在所缺少的东西，

[1] Aldous Huxley（1894—1963），英国小说家、诗人、散文家、生物学家，J. S. Huxley 之弟。

因此我们不妨从东方思想那里获取一些经验。但是，这并不是一件简单的事情；我们需要防止由于输入东方的血液而导致自身的血浆凝结。对于科学思想上达到的精确逻辑，我们并不希望过早地失去它，毕竟这是之前任何时代都无法比拟的。

不过，意识同一学说的神秘观点与莱布尼茨的单子学说虽然观点相反，但是却更能令人接受。意识之间以及它们和最高意识的一致性，可以说是同一学说的基本论点，这是有实际经验根据的。我们中的任何一个人的意识从来没有出现过多重性并且总是以单数的形式出现。为此，我们也没有任何相关的证据表明多重性意识在世界上的其他地方出现。就我们个体自身而言，如果说在我的同一头脑中不可能有超越于原有意识之上的新的意识，那么这简直是一种无意义的重复，因为我们自身就无法想象出相反的情况。

对于这种无法想象的事情，如果它们真的可以发生的话，我们甚至会在一些事例或场合中期待它们的出现。我将引用查尔斯·谢灵顿爵士的发现来论证我的论点，并对这一期待作仔细的讨论。谢灵顿作为一名爵士，他还是一个科学家，具有极高天赋和冷静的理智，这是非常少见的。就我所了解的情况来看，《奥义书》中的哲学观点在他那里没有为不公正的偏见所批判。为了使同一学说和科学世界观在未来的时代能够逐渐融合，并避免损失理智和逻辑的精确，我想在这里作一番细致的讨论，这大概就是讨论的目的所在吧。

就上文所提到的，在同一个头脑中我们根本无法想象有多种意识。我们似乎可以说一些这样的话，但是它们对任何可以想象的经验来说没有进行丝毫的描述。即便是病理学上有的人患有严重的人格分裂症，那么这两种交替出现的人格也不会同时在一个意识中出现；因此，两种人格之间的互不了解便成为这种疾病的典型特征。

我们经常做梦，就像在演木偶戏一样，我们利用手中的绳子控制着玩偶的言行，牵动着它们的动作，但是我们的意识里并没有意识到我们在这样做。这些众多的玩偶中，只有一个是我自己，是这个正在做梦的人。通过他，我一边表演，一边迅速地对接台词，与此同时我还在怀着焦急的心情等待另外一个人的回答，而不管他是否能够满足我的要求。实际上，我并不能指挥他并让他来依照我的意思来行为。我想这是由于在梦中，这“另外一个人”很有可能是我在现实中无法控制的人，并且他是我现实生活中的一个很大障碍。许多老人坚信他们与梦中见过的人进行了真正的交流，不管这些人是否健在，也不管他们是英雄还是神灵。我想刚才描述的奇怪现象可以解释这种情况。正因为人们有这种切身的体会，导致这种迷信总是无法消除。然而，反对这种迷信的观点却由来已久。公元前6世纪末，爱菲斯的赫拉克利特[1]清楚地阐明了他反对这种迷信的观点。尽管他的论述有时十分晦涩难懂，但是论证清晰、观点明确的论述在那个年代确实并不多见。与此相反，在公元前1世纪另一个自认为是文明思想的倡导者留克利·希阿斯[2]却一如既往地坚持这个迷信观点。在今天这样一个时代，这个迷信思想几乎没有出现过，但是它是否被完全清除仍是一个巨大的疑问。

下面我们将讨论另一个话题。既然我承认意识是唯一的，并且我无法想象头脑中的意识，那么我身体上的所有或部分细胞的意识是怎样整合成唯一的意识的，或者在生命中的每一刻意识是怎样由它们合成的。不过人们可能会想，既然是细胞联合体构成了每个人的整体意识，那么意识的多重性应该是可以表现出来的。“联合体”或“细胞国”的说法在当今已经不是什么比喻的修辞了，请看谢灵顿的观点：

“我们身体中的每一个细胞，都是一个以自我为中心的个体生命”，

[1] Herakleitos（约前540—约前480到前470之间），希腊哲学家，生于小亚细亚的爱菲斯，是爱菲斯学派的主要代表，认为世界万物都是符合规律地燃烧和熄灭的火。列宁称他是辩证法的奠基人。

[2] Lucretius Carus（约前99—约前55），古罗马哲学家及诗人，他发展了德谟克利特和伊壁鸠鲁的原子学说及无神论思想，著有《物性论》。

这样的宣言不仅仅是一句话或者为了描述的方便。细胞是我们身体的一个组成部分，它不仅是一个可以分离的个体，也是一个以自己为中心的生命有机体。它有自己的生活方式……每个细胞都是一个独立的生命，因此细胞生命组成了我们这个完整的生命统一体。

关于这个话题我们可以继续深入下去。根据大脑病理学和生理学对感觉的研究，我们可以把感觉器官分成各自独立的领域。每个独立区域的影响都很深远，我们在惊讶于这种影响的同时，也在期望能够找到思维与这些区域之间的相互联系。然而，我们期待中的这种联系是不存在的。下面有一个典型的例子。你在观察远处景物时，可以先用双眼看，然后闭上右眼只用左眼，再闭上左眼只用右眼。结果你会发现每次看到的景物没有什么差别，在这三种情况下的视觉空间几乎是完全相同的。视网膜上的神经末梢把刺激传到大脑的同一中心，而感觉恰好就产生于大脑的这部分，这大概就是视觉空间完全相同的原因。就像我按家里大门或妻子卧室门上的按钮，由于厨房的铃与这两个按钮相连，于是它也会响起一样。这种解释是最简单的，也是较为容易理解的，然而却是错误的。

谢灵顿曾经做过一个闪烁阈值频率的实验，非常有趣，我将对此作一个简短的描述。设想建立在实验室中的一座小型灯塔，让其在一定的时间内闪烁，比如每秒闪烁很多次，40，60，80或100次。闪烁刚开始可以看到，但是当频率增加到某一固定的次数时，闪烁看不见了。当然，这个闪烁的次数取决于当时的具体实验情况。闪烁消失后，我们用肉眼看的话，则会看到连续的光。假定每秒60次是我们做实验得出的闪烁阈值的频率，我们接着做第二个实验。其他一切条件都不变，使用一种装置，使得你的右眼只能看到第二次闪烁，而左眼只能看到第一次闪烁，这样的话每只眼睛在每秒钟就只能看到30次闪烁。这些视觉刺激如果能够传到同一个生理中心的话，那么实验结果和第一个实验结果应该是相同的。如果我每两秒按一次大门上的按钮，妻子也以同样的频率按卧室门上的按钮，不过是与我交替进行的，那么厨房的铃声会像我们每个人每秒钟按它一次那样以每秒钟的频率响起一次；另外，我和妻子两个人每秒同时按门铃的情况也是如此。然而，第二个闪烁实验的情况却不是这样的。右眼看到的30次闪烁与左眼看到的另外30次闪烁加在一起，并没有消除闪烁的感觉；如果把闪烁的频率提高一倍，换句话说，双眼同时看，右眼必须看60次，左眼也看60次，这样闪烁感才会消除。谢灵顿总结如下：

两个观察结果的合并并不是大脑机制中的空间连接造成的……更像是两个观察者分别看到左右两只眼的图像，然后来自这两名观察者的意识合二为一。好像左右眼的视觉可以单独加工接收到的信息，处理之后便在心理上自动合成为单一的感觉……就像每一只眼都有单独的感觉中枢，那种以一只眼为基础的精神活动实际上已发展到了十分完整的感知水平。于是在生理上我们有两个大脑，一个是左眼的，一个是右眼的。这种在生理上形成的视觉次大脑的运作机制不是由于结构上的联合而是同时作用使得它们在思维上有很好的协作。

接下来是他深入的综合思考，要点如下：

既然我们通过实验发现了这种现象，那么这种与不同感觉相联系的独立的次大脑是否真的存在呢？在大脑顶部，“五”种感官不是不可分地合并为一体，而是在各自的区域中各自为政，或者在更高的机制作用下进一步融合。准独立的感觉意识在多大程度上合成意识——同时出现的经历决定了它们大范围的心理整合……当涉及“意识”问题时，具有主教地位的细胞周围并没有整合的神经系统。相反，神经系统却分布在上百万个民主单元里，其中每个单元都是一个细胞……正是由这些更小的生命单元才合成了具体的生命整体，这不仅反映了它的合成特性，也表明了自身是由许多小生命共同作用的产物……但是当我们仔细反思意识时，上述的特性却又找不到一点痕迹。单个神经细胞绝不是微型大脑，“意识”的指令对于身体的细胞结构而言没有任何意义……一个具有主导地位的单独脑细胞，与大脑顶部大量的细胞群相比，它无法保证意识的反应更加具有非原子的特性——统一。与物质和能量不同，甚至与生命也不同，意识不是由微粒组成的。

这里的引述给我的印象十分深刻。谢灵顿凭借他的坦率和理性的诚挚努力去解决这个悖论，并且一直直面这个问题，从不搪塞或隐藏；一旦有了答案或结论又毫不留情地公之于众。在他看来，这有利于科学或哲学问题的解决。与此相反，用“动听”的言语去掩盖无法促使问题的解决，只会制造障碍并使得这个矛盾长久存在。谢灵顿提出的悖论也是一个算术悖论，或者说是关于数字的悖论。我前面提到的悖论与他提出的悖论有相似之处，但是这两种悖论也有不同之处。许多意识具体合成“一个”世界，这是前面提到的悖论。而谢灵顿的悖论是，许多生命细胞或很多次大脑组成了单一意识，每一个次大脑都是很独特的，于是我们总是倾向于将它与次意识联系起来。但是我们清楚地知道，次意识和多重意识在本质上是一样的——它们不管在经验中还是在意识中，都是无法想象的。

如果我们可以有效地将西方科学精神与东方同一学说融合起

来，我觉得这两个悖论是可以得到解决的。意识的总数总是一，意识本身就是单一性的。由于意识总是处于“现在”，所以我认为刚才提到的观点是不可推翻的。对意识来说，没有曾经和将来，只有包括记忆和期望在内的现在。我们的语言远无法表达清楚这一点，我们现在谈的是宗教而不是科学，但这并不违背科学的宗教；与此相反，客观公正的科学研究成果支持它。

谢灵顿说：“人类的意识是我们星球新近的产品。”

对于谢灵顿的这种说法，我十分同意。但是去掉第一个词“人类”，那我是坚决不同意的。这个问题我们在开始时就已经谈过了。只有当特殊的生物学设置和独自反映世界事物的沉思的意识相互联系时，意识才会出现。这种生物学设置在执行某种任务，用来推进生命的形式并维持它们的存在，保护它们能够不断繁育。这些作为后来者的生命形式，在它们之前有许多生命并不通过这个特殊装置——大脑来维持自身的存在。它们中只有一小部分才刚刚“拥有一个大脑”。在拥有大脑之前，我们是否应该将其中的一切都清空呢？那么我们可以把无人思考过的这个世界称为世界吗？假如一个考古学家计划重建一座城市或一个年代久远的文化，那么那个时代、那个地方的人们生活、感情、行为、思想、快乐与痛苦都可以成为他感兴趣的东西。然而，如果一个世界已经存在了上百万年，但是却没有人意识到、深思过，这不就是等于这个世界什么都不是吗？它真的存在吗？还有一点，我们不容忽视：有知觉的意识可以反映世界的样式，这种说法只是一些熟知的陈词滥调罢了。没有任何东西被反映，世界只出现过一次。原始的形象和镜中的是一样的。在时空中延伸的世界只是我们的表象。正像贝克莱[1]所说的那样，经验只能给出在它范围之内的事物，超出这个范围，经验就无法提供任何线索。

然而，我们的大脑是由这个虚构的世界十分蹊跷地制造出来的。大脑产生之后，把这个世界看作一个悲剧性的延续。我将再引用谢灵顿的话对此作出描述：

我们知道，世界上的能量正在走向消耗殆尽。世界总体在朝着一个最终的平衡态发展，可能对于我们人类来说这是最为不幸的事情。因为在这种平衡状态下，没有任何一个生命可以存活。然而，生命的进化却没有因为这个原因而中断。我们的星球不断地在演化着生命，而且继续不断地坚持这种演化。在生命体的演化过程中，意识也不断得到发展。如果意识不属于能量系统的话，那么它怎么会受到能量世界的影响而不管其变好还是变坏呢？如果能量世界的衰退不可避免，那么它是否可以安全地度过这场劫

[1] George Berkeley（1685—1753），英国著名的主观唯心主义哲学家，基督教新教主教。

难？我们知道，有一部分意识活动是依靠能量系统的，但是当能量系统衰退至停止时，这部分意识活动将会是什么样子呢？既然能量世界一直在经营着意识，那么能量世界会让它消失吗？

上面的这些考虑的确会让我们感到不安。意识扮演的双重角色一直困惑着我们。一方面它是舞台，世界上的所有剧目都在它那里上演，或是一个容器，在这个容器里全世界都被包容进去了，而容器之外没有其他的任何物质。另一方面，我们的意识获得的种种印象，也许真的是不真实的，是靠不住的，意识在匆忙的世界中只是与某一非常特殊的器官——大脑紧密相连。虽然大脑是最有意思的研究对象，在动植物生理学中却不是独一无二的；像许多其他生理器官一样，它们为了维护主人的生命而不断服务，在物种经历自然选择的过程中，它们被制作了出来，于是它们在此过程中逐渐形成了服务与感念的生理功能。

偶尔画家或者诗人在他们的作品中会勾勒一个真实的、毫无遮掩的次要人物，其实这个次要人物就是他们自己。因此我认为史诗《奥德赛》中的盲人歌手就是作者自己的形象。当歌手唱起关于特洛伊战争的歌曲时，这位受伤的英雄在费阿刻斯人[1]的大

[1] 荷马史诗《奥德赛》中居住在斯刻里亚岛的一个民族，以航海为生。

厅里潸然泪下。同样的情景在歌曲《尼伯龙根之歌》中，一位诗人在他们穿越奥地利国土时出现了，这位诗人被推测是史诗的作者。在丢勒那幅《万圣图》[1]中，上帝周围有两圈信徒围拢着，他们都在做祷告。最里面的一圈是天堂里的众神，外面的这一圈是地球上的人类。国王、皇帝、教皇们都在这外面的一圈中。如果我没有猜错的话，这位画家应该不会出现在这个画面中，因为画家要出现的话一定是作为次要的卑微人物在外围的一圈中。

我觉得这是对意识的双重角色的最完美的解释和比喻。一方面，意识是一个艺术家，它创作了整个艺术作品；另一方面，它又只是一个不重要的附属品，因为在完成的作品中，不会因为它的缺失而有任何影响。

如果我们不考虑这些比喻，那我们就不得不面对一个典型的悖论。由于我们不得不继续寻找意识这个世界画面的创作者，同时又要成功地去理解世界，但却不包含意识在内。显然，这是一个悖论。因为只要把意识强加于其中必定是要产生悖论的。

在前面的论述中，我们知道物理世界出于同样的原因也缺少

[1] Albrecht Dürer（1471—1528），德国文艺复兴时代画家、版画家，生于纽伦堡。丢勒的油画作品也以精于写实和气魄宏伟见称。祭坛画《礼拜三位一体》（又名《万圣图》，1511），以众多人物和辽阔场面引人注目。画幅底部为山水风景；中段表示教皇和众信徒；上段中央则为十字架上的基督及上帝、圣灵（三位一体），两旁为圣母和诸圣徒。

构成认知主体的感官特征。它是无声、无色、触摸不到的。科学世界也以同样的方式、同样的原因缺少或者被剥夺了与意识思索、感知主体有关的一切有意义的联系。在缺失或剥夺中，不仅仅有伦理学和美学的价值观，还有一切与此相关的价值观；而且正是缺失了这些东西，从纯粹科学的观点来看，科学自身无法被有机地介入。如果有人尝试着加进这些缺失的东西，就像一个孩子在没有颜色的图画上涂抹颜色一样不相称。这是由于被强加到这个世界中的观念总是以科学的论断或面貌自居，它们和上文提到的那样都是错误的。

生命是宝贵的。“尊重生命”是 A. 史怀哲 [1] 制定的基本道德戒律。然而，对生命最不尊重的却是自然，似乎自然才是最没有价值的东西。它们经常被迅速消灭或者成为其他生命的猎物，于是决定了它们在很大程度上能够以数百万计地被制造出来。这正好就是造物主持续不断地创造新生命形式的原因。在史怀哲看来，“你不应该受到折磨，不应该忍受痛苦”。但是无情的自然却全然不顾，它的物种在无数次的争夺中相互残杀、折磨。

“事物本来是没有优秀或卑劣之分，只是由于有了人的思考才有这种价值判断。”于是，哪一种自然现象都没有好坏优劣之分。

[1] Albert Schweitzer（1875—1965），牧师、哲学家、医师及音乐理论家，获 1952 年诺贝尔和平奖。

如果价值观正在消失的话，意义和结果也会随之消失，可见大自然是没有目的地行事的。我们在前文中说过生物体对环境的“目的性”适应之类的话，那是因为我们清楚地明白这不只是出于措辞的方便。将“目的性”仅仅当作字面的意思理解那就错了，因为我们是按照勾画世界的框架来论述的，而那里只有因果关系。

对于世界这幕剧的意义和范畴，科学研究一直是绝对的沉默，这是我们最为痛苦的地方。科学随着我们的仔细端详而显得越发毫无目标和愚蠢。毫无疑问，正在进行的表演仅仅因为它与意识密切相关，便有了意义。然而，科学告诉我们，这种有意义的联系是荒谬的，仿佛正在观看表演的意识产生了意识一样。如果太阳冷却的话，地球将会变成冰雪的荒漠，而这种演出将和意识一起消亡。

允许我在这一章的后面提一下无神论。科学总是受到这样的指责，尽管这种指责有时存在偏颇。任何部分的世界模型都不是任何个人的上帝创造的。如果这个模型被人们接受的话，那么它必定是以没有任何个人的东西作为代价。如果上帝能被人们直接体验到的话，就会像直接的感觉那样真实。正如感觉的表现形式那样，时空中是找不到上帝的影子的。于是，自然主义者会诚恳地告诉你：在时空中的任何地方都没有上帝。圣经中有言：上帝是圣灵。因此这个自然主义者一定会受到上帝的指责。

第五章

科学与宗教

对于宗教中长久存在的问题，科学能够回答吗？那些一度困扰我们的问题，经常会引起巨大的争议，科学研究的成果能帮助人们形成一个合理的、共同的意见或看法吗？我们中的一部分人在青年时代将这些问题悬置起来，另一部分人在进入垂老病死的年代因为苦苦寻求问题的答案没有结果而不得不放弃；还有一部分人从生到死都被这些问题迷惑，并且由于迷信思想的长期干扰，他们怀着恐惧的心情始终找不到满意的答案。这里一再提到的“问题”主要是指“另一个世界”“生与死”等问题。我提出这些问题，并不是想试图解决它们。由于对这些问题的思考对于我们中的许多人来说是无法逃避的，因此科学究竟能为回答这些问题提供什么样的帮助或线索便显得尤为重要，尽管这可能是一个相对简单的问题。

科学已经毫不费力地通过一种古老的方式做到了这一点。我记得自己曾经一度沉迷于以往时代的世界地图与出版的书籍，从中发现了天堂和地狱。前者高高在上，后者则深入地下。与后来丢勒著名的《万圣图》的表现手法完全不同，科学领域中的表现形式并不是一种纯粹的寓言方式而是一种唯物主义的方式，用以表现一种广为流传的原始信仰。与现今的任何教堂不同，它们不要求必须用唯物主义的方式来阐明教义，当然它们自身也不反对用这种方式。这种表现手法上的进步正好说明了我们对生存于其上的这个星球，虽然知道的很少，但是仍然对一些东西有了深入的了解，比如对火山的性质、大气的组成、太阳系的历史以及宇宙和银河系结构等，我们了解得已经很多了。任何有知识的人对于这些虚构的宗教事物，即使相信它们存在，也不会在科学可以触及的领域中寻找它们，更不用说科学无法触及的领域了。不过，他会把精神地位赋予它们。这些科学事实的发现有力地帮助人们澄清了事实，排除了迷信。然而，我的意思并不是说对于怀有宗教信仰的人必须要等到上述的科学事实进一步确认以后再去启蒙、指导他们的认知。

以上只是一些原始的看法，还有一些更基本的、吸引人注意的问题。“我们究竟是谁？”“我们来自哪里，将往哪里去？”时间被逐渐理念化，在回答这些困惑人很久的问题时，我觉得这是科学对此的最大帮助。说到时间被理念化，我们不得不提到三个人的名字，他们分别是柏拉图[1]、康德和爱因斯坦。除此之外，还

[1] Platon（前427—前347），古希腊著名哲学家，提出理念论。认为现实的可感知的世界不是真实的，在它以外存在一个永恒不变的真实的理念世界。理念世界是个别事物的范型，个别事物是完善的理念世界的不完善的影子或摹本。以个别事物为对象的感觉不可能是真正的智识之源，而真知是不朽灵魂对理念的回忆。

有一些非科学家，诸如希波的 A. 奥古斯丁[1]和波爱修斯[2]。

柏拉图和康德都不是纯粹的科学家，但是他们对于科学世界的浓厚兴趣导致其对哲学、世界等问题产生了迷恋。对于柏拉图而言，数学和几何学是他的兴趣点。然而，我们不禁要问，即使在两千年后的今天，柏拉图的光辉一直不减，那么究竟是什么赋予他这么持久的显赫声名？众所周知，柏拉图没有发现任何关于数字或几何图形的原理。他对物理学中的物质世界和生命的看法还不如在他之前的智人（从泰勒斯[3]到德谟克里特）；而对自然方面的了解，他没有他的学生亚里士多德和西奥弗拉斯塔掌握得更多。他有一群忠实的跟随者，除此之外，其他的人都觉得他的谈话是一种文字诡辩，因为他的谈话总是非常烦冗复杂，他似乎不是在给一个词下定义，而是通过不断地言说这个词本身，使词的意思不言自明。他也有自己的政治思想，曾经一度推行乌托邦的社会和政治形式，但这却使他不断陷入危险的境地，最终改革结果可想而知。即便在今天这样一个时代，他的乌托邦思想还是没有多少人会去支持，这为数

[1] A. Augustinus（354—430），希波（今阿尔及利亚亚安纳巴）的主教。欧洲中世纪哲学家和神学家，新柏拉图主义者，基督教教父哲学的完成者。

[2] A. M. S. Boethius（约 480—524 或 525），欧洲中世纪哲学家和政治家，在狱中写成以柏拉图思想为立论根据的《哲学的慰藉》。

[3] Thales（约前 624—约前 547），希腊哲学家，最早的唯物主义学派——米利都学派的创始人，认为水是宇宙本原的物质。

不多的人和他的经历差不多，都体验了惨痛的经历。但是，究竟是什么使他获得如此高的声望而其他的人却没有呢？

我首先强调一点，他设想了永恒存在的理念，并把这种理念当作现实加以强调，并认为人们的实践经验远远不及永恒理念的真实性。永恒的理念世界决定了我们的所有现实经验，并且现实经验只是永恒理念的影子。这样柏拉图就成了一个形式理论的开创者。但是这种形式理论或者理念理论是怎么诞生的呢？毋庸置疑，巴门尼德和埃利亚哲学思想[1]在很大程度上影响了柏拉图。很明显，柏拉图的形式理论继承了他们的哲学思想，在此基础上又增加了他们哲学思想的活力和影响力。这正像他通过生动的比喻揭示学习的本质那样，他认为学习不是发现新的真理，而是回忆生来就有的潜在的不变的理念知识。然而，在柏拉图那里，巴门尼德那永恒不变、无处不在、始终如一的“一”演变成了更为有力的思想，即理念论。虽然这个理论具有很丰富的想象力，但它仍然具有神秘性。柏拉图之前的圣贤，比如毕达哥拉斯，以及他之后的许多人都有着非常真实的体验，而这些体验都来自于数字和几何图形带来的启示。无疑，这些启示对柏拉图来说也产生

[1] Parmenides，古希腊哲学埃利亚学派的创始人，鼎盛年约在公元前 504 年。埃利亚学派认为感性世界变动不居的现象为虚幻假象，唯一真实的东西是“存在”。巴门尼德首先提出“思想与存在是同一的”这个命题。

了巨大影响。这些发现的本质被他认识到后，一直在吸引着他。人们可以通过数字和图形的纯粹逻辑推理了解它们自身之间的真正关系。人们从中获得的真理不仅完美无瑕，而且由于其保持不变，总能经得起人们的推导。数学关系不会因为时间的推移而发生变化，其实并不是人们发现这种关系后才产生的。然而，毕竟这样的发现是非同寻常的，它给人们带来了兴奋，就好像我们从神仙那里得到了宝贵的礼物一样。举几个例子：三角形 *ABC* 的三条高在 *O* 点相交（图 13。高是指从一个角到对边或其延长线的垂线）。刚开始的时候我们并不知道它们为什么会相交在一起。其他的任意三条垂线虽然也会构成三角形，但是它们为什么不会相交于一点？现在通过每个角作对边的平行线构成一个更大的三角形 *A'B'C'*（图 14），那么图中便出现了四个全等的三角形。*ABC* 的三条高在这个大三角形 *A'B'C'* 中是三条边的中垂线，即它们的对称线。*C* 点作的垂线一定包含了所有到 *A'*，*B'* 等距离的点；*B* 点作的垂线必定包含了所有到 *A'*，*C'* 等距离的点。因此这两条垂

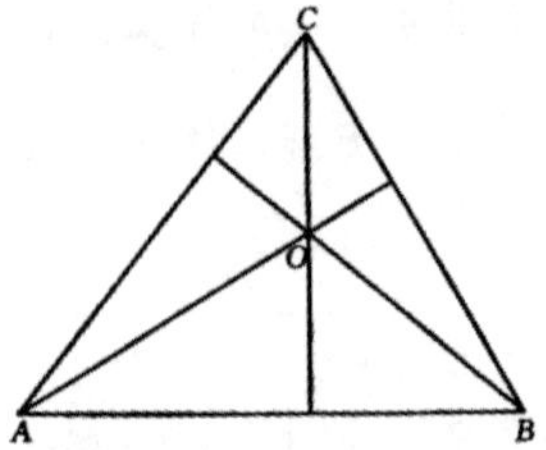

图 13

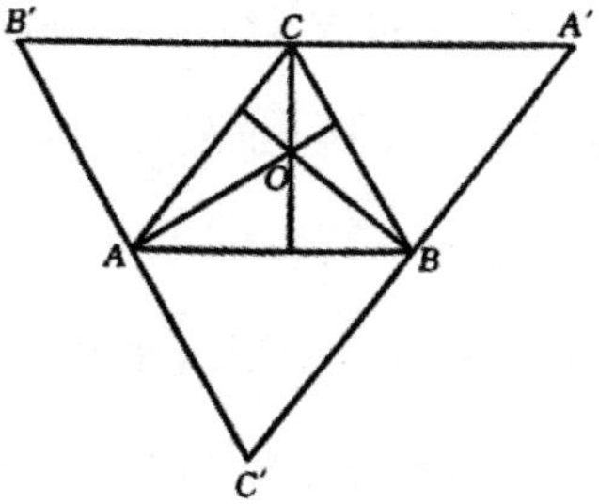

图 14

线的交点 O 到 A'，B'，C' 三个顶点距离相等，它也一定在由 A 点引出的垂线上，因为这条垂线包含了所有到 B'，C' 等距离的点。证毕。

除了 1 和 2，每一个整数都是两个质数的“中间数”或其算术平均值；例如：

$$8=\frac{1}{2}(5+11)=\frac{1}{2}(3+13);$$
$$17=\frac{1}{2}(3+31)=\frac{1}{2}(29+5)=\frac{1}{2}(23+11);$$
$$20=\frac{1}{2}(11+29)=\frac{1}{2}(3+37)。$$

正如大家所看到的，上面的等式通常不仅有一个解。这个定理被称作哥德巴赫猜想，虽然没有被证明，但我们认为它是正确的。

将连续的奇数从 1 开始相加，1，$1+3=4$，$1+3+5=9$，$1+3+5+7=16$ 等，你总可以得到一个平方数，事实上你这样相加下去，得到的总是你加数个数的平方。为证明这个关系式的普遍性，我们可以把与中位数等距离的每组被加数（第一个与最后一个，第二个与倒数第二个）之和换成其算术平均值之和，这个算术平均值显然等于加数的个数；于是上面最后一例就成为：

$$4+4+4+4=4\times 4。$$

现在我们来谈谈康德。时空理念化的观点在他那里已经不是什么新鲜的思想，因为这种观点是他的学说的最为基础的部分，或者是基础之一。这个思想和他其他大多数观点一样，我们既没有办法证实也没有办法证伪，但是它的吸引力却丝毫没有减弱，人们对于这些十分感兴趣。康德认为，事物发生的“先后”顺序和空间的无限广延其实不是我们所看到的世界的特点，而只是我们的感性意识的一种先天形式。人类的感知总是自觉或不自觉地将时间和空间作为坐标系，来记录发生于其间的事情。然而，这并不是说思维可以脱离经验来理解最终的秩序系统；它只是在事情发生的时候，凭借着经验在这个秩序体系中不断发展，并且这是一种不自觉的发展。我们在此需要强调一点，时空包含在“物自体”的秩序体系中，刚才的论述并不能足以说明这一点。然而，有些人却认为一切经验来自“物自体”。

我们可以举一个简单的例子来说明一下上面的论述。认知和引起感知事物的区别，在我们任何一个人身上都没有明显的界限。这是由于尽管他可能得到了很多关于事物的知识，非常详尽，但是这事物却仅仅出现一次而不是两次。不过，也有成对出现的情况，那只会在与其他人或动物的交流中出现。在这种情况下，他们的感知与我们的是非常相似的，只是在有些观点上，比如字面意义上的“思维投射点”等略有不同。就像大多数人一样，如果我们面临这种体验，不得不把客观存在的世界作为感知的来源，那么我们怎样才能明白到底是我们的思维构造决定了我们的体验共性，还是由客观事物的共同特点所决定？很明显，关于事物的知识，我们主要是从感知获得的。关于这个客观世界，它只是一个假设，尽管它看起来那么自然。如果我们承认这一点，那么我们感知到它的一切特征却归因于我们自身之外的客观世界，这样的话岂不是最不自然的事情？

康德在“思维创造世界”的过程中，把思维及其对象——世界，重新又合理地安排了角色和定位。正如我们以前所认识到的那样，思维和世界很难区分开来。然而，这并不是康德论断的重要意义。单一的思维或世界，可以由其他的形式来表现，而这些形式自身无法被我们有效地掌握和理解，更无法通过时空的概念去把握。这样的话，我们可以超越以前的旧观念——不仅仅只有时空形式，事物还有其他的存在秩序。就我个人而言，叔本华是第一个从康德那里体会到这层深意的人。这样的话，宗教信仰就可以有更加自由的空间而少了更多的束缚，同时我们也不用去和现实的经验与朴素的思想告诉我们的结论作无谓的争执与怀疑。

例如，我们不得不相信，身体毁灭之后，经验也不复存在，经验与身体是不可分离的，这是经验告诉我们的。那么，我们死去之后还有来生吗？按照经验，答案自然是没有。我们所能知道的经验一定存在于时空中，这不是以上结论的原因；而是因为在时间不起任何作用的顺序中，死去之后这个概念没有一点意义。这是一个意义极其重大的例子。虽然我们不能仅凭单纯的思辨就能获取独立于时空之外的事物的证据，但是我们却可以保证，凭借单纯的思辨我们可以有效排除认为这些证据不存在的障碍。就我而言，康德哲学论断的重要意义就在于此。

现在，就这同一话题，我们来谈谈爱因斯坦。相信看过《科学形而上学基础》的读者会同意我的观点，康德的科学态度是非常质朴的。在康德眼里，1724—1804 年间的物理学被他看作最终阶段，为了能对物理学进行有效的解释，他终生忙碌于哲学，希望用哲学的观点达到目标。对于后代的哲学家来说，康德这样的伟大天才所做的无疑具有警示和引导的作用。空间一定是无限的，一如既往地相信欧几里得总结的几何学特征，并认为是这些特征规定了空间的性质，而人类感性的先天形式却是空间；这些都是康德通过严格的论述得出的观点。物质在欧几里得的空间中像一个软体动物一样不断地运动着，它自身的形状随着时间的流逝而不断变化。对康德来讲，空间和时间是两个迥然不同的概念，这和他那个时代的任何物理学家一样。鉴于此，他毫不犹豫地称时间为内感官形式，而空间为外感官形式。但是，了解我们的经验世界的必由之路不仅仅限于承认欧几里得的无限空间，最好的方式是把空间和时间看作四维的统一体。这似乎与康德的理论基础有些出入，不过对他哲学中的最重要的有价值的思想部分没有什么影响。

爱因斯坦和其他几个人，例如洛仑兹[1]、庞加莱[2]、闵可夫斯基[3]等人确立了四维空间理论。他们让整个世界的人知道了这个理论的存在，即使我们可以体验到这些，但是时空关系比康德想象的要复杂得多，较之于之前任何时代的物理学家、路上的行人甚至家庭主妇能够想象的复杂得多。这就是他们的发现对哲学家、行人、居家主妇的巨大影响所在。

这个新观点对以前的时间概念产生了最重要的影响。之前的观点认为，时间是一个“前与后”的概念。而四维空间理论对以前的时间概念产生了举足轻重的影响，对时间的新看法便由此发展而来，主要体现在以下两点：

（1）我们知道，“前与后”的概念主要基于“因果”关系。这

[1] Hendrik Antoon Lorentz（1853—1928），荷兰物理学家，发现了长度收缩的变换公式，即在运动方向上，长度收缩一个确定的因子。和塞曼共同获得 1902 年的诺贝尔物理学奖。

[2] Jules Henri Poincaré （1854—1912），法国数学家、物理学家和天文学家，对相对论的建立有重要贡献。

[3] Minkowski（1864—1909），德国数学家，对相对论数学形式的建立有重要贡献。

种因果关系我们通常理解为，如果事件 *B* 是由事件 *A* 引起的，或者事件 *A* 可以改变事件 *B*，那么，如果 *A* 没有发生的话，*B* 也不会发生，或者 *B* 将不会改变。例如，如果一个炮弹爆炸，那么坐在上面的人会被炸死，人们在远处还会听到爆炸的声音。炮弹爆炸与坐在上面的人可能被炸死同时发生，而在远处听到爆炸声会比这些稍微晚一些；不过无论怎样，这些结果都在炮弹爆炸之后发生。这是一个常识性的基本观点。实际上，我们在日常生活中也凭借以上的观点来判断两个事件中至少哪一个是先发生或者哪一个后发生。以结果不能在原因之前来区分事件的先后，就是原始“时间”概念的基础。如果我们可以肯定 *A* 引起了 *B*，或者 *B* 发生之后有 *A* 的痕迹，或者我们经过推理发现 *B* 中含有 *A* 的痕迹，那么很明显 *B* 的发生最起码比 *A* 要晚些。

（2）事件传播的速度不是无限的，它有一个最高限，正好是光在空气中的传播速度，这一点已经被实验和观察证明了。这是新的时间观念的第二个基础。经过人工测量，光的速度每秒可绕赤道 7 次，非常快。但是，光速不是无限的，尽管它很高，我们可以约定一下称它为 c。假如我们都同意这个自然界的基本事实，那么上述的因果关系就不是普遍的或者绝对的，因为它仅仅是基于“先与后”“早与晚”的区分。不过，想要清楚地说明白这一点，没有数学语言的帮助是不行的。这倒不是因为复杂的数学结构可以解释一切，包括新时间观念，而是旧有的时间观念到处充斥着人们的大脑和日常生活，如果不使用这种或那种时态，任何一个动词你都会无法正确使用。下面是一个简单但不是很合适的说明（图 15）。如果先给定了事件 *A*，假定事件 *B* 发生在 *A* 后，并在以 *A* 为圆心 *ct* 为半径的圆外。那么 *B* 无法显示 *A* 的“痕迹”；当然通过 *A* 也无法知道 *B* 是否出现，这是因为二者之间没有因果联系。不过我们知道，*B* 发生得较晚。于是，我们开始建立的标准就被打破了。无论是 *A* 先还是 *B* 先，这个标准都无法成立，那么我们的论证是不是还是正确的呢？

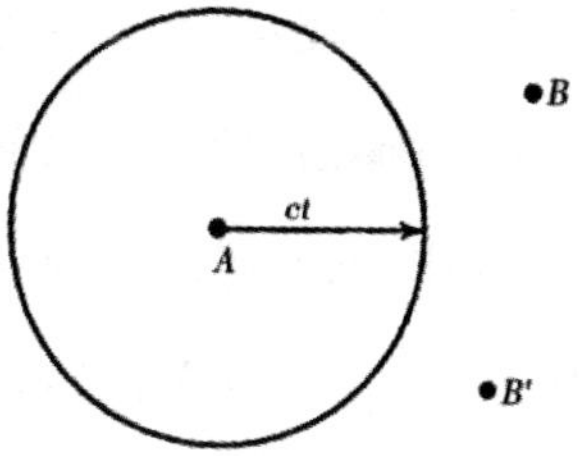

图 15

想象有事件 *B′* 先于 *A*，并也在 *A* 为圆心 *ct* 为半径的圆外。在这种情况下，同以前一样，*B′* 的任何痕迹都无法到达 *A*；当然，*B′* 也无法显示 *A* 的痕迹。

于是我们清楚地看到，在这两种情况下，事件双方是彼此独立的，都是互不影响的。*B* 和 *B′* 就与 *A* 的因果联系来说，其实并没有什么差别。如果我们把“前和后”作为因果关系的基础，那么 *B*

和 B' 就构成了一类事件，这类事件既不早于 A，也不晚于 A。由于总是可以采用一种参考系，使 A 与 B 同时或 A 与 B' 同时发生，所以这类事件占据的时空被称为（相对于 A 的）“可能同时性”区域。这是狭义相对论，它是由爱因斯坦 1905 年发现的。

这些结果，对于物理学家而言，已经是非常具体的真理了。就像我们使用乘法表或毕达哥拉斯的直角三角形定理一样，我们在日常工作中经常用到它们。为什么它们能在普通大众和哲学家中引起这么大的轰动呢，我一直对这个问题感到好奇。我想极有可能的一点是，它使我们从原来的“前与后”这个无法打破的规则中解放了出来，就像废黜暴君一样，它废除了对我们强征暴敛的“时间”。正如《旧约圣经》前五卷中描述的那样，时间的确是最严厉的主人，我们每一个人的生存被它公然吝啬地限制在 70～80 年。不过，我们现在可以蔑视这种计划了，尽管这个计划无懈可击；但即便是我们能够对之施以微不足道的戏谑，也会使我们感到莫大的安慰。因为它让我们看到了原先的“时间表”并没有原先想象的那么严格，这确实给了我们极大的鼓励。鉴于这个思想的深邃哲学特性，教义式的思想是我们最为愿意给它的称呼。

我们有时候犯了一个认识上的错误，总是认为爱因斯坦对康德时间理念化的思考不屑一顾；相反，在康德成就的基础上，爱因斯坦又向前迈出了一大步。

Part B
意识和物质

柏拉图、康德和爱因斯坦对哲学和宗教观的影响，我们都一一论述过了。不过在康德和爱因斯坦所处年代之间、爱因斯坦前大约一个世代，也有一次物理学上的重大事件。它虽然没有相对论的巨大轰动效应，但至少能够引起哲学家、行人和家庭主妇的兴趣。就这一点来说，它是和相对论一样的。然而，事实上这样的影响并没有发生。究其原因，我个人认为它比相对论更加晦涩难懂。在上述的三类人中，几乎没有一个人能够理解。也许，只有少数一两个哲学家可以接受。由于这个思想与美国的 W. 吉布斯及奥地利的 L. 玻尔兹曼联系在一起，所以下面我谈一谈他们的观点。

自然界中事物的过程是不可以逆转的，我们几乎找不到一个例外。我们可以想象一个有悖于物理学规律的现象，它发生的时间顺序与人们实际观察到的时间顺序恰恰相反。虽然我们很容易这样想到，但是现实中这是无法实现的。

我们可以用力学或热统计学理论来解释一切事物的总的“方向性”。它是玻尔兹曼理论最富成就的地方，因之而来的赞扬也很多。但是，对于这个理论我无法作出更详细的解释和描述；实际上，对掌握这个解释的要点来说，过细的描述是没有必要的。不可逆性是原子和分子微观结构的一个基本特征，仅有这一点的理解和解释是不充分的。这样的观点不会比“火是热的，因为它有炽热的特性”好到哪里，后者是根据中世纪的纯粹字面意思来解释的。根据玻尔兹曼的观点，我们知道任何一种有秩序的状态，总是朝着无秩序的变化运作，这是一种自然的倾向。但是，反过来这种说法却不正确。举个例子，把一副牌仔细排好，由 7、8、9、10、杰克、王后、国王、红心 A 开始，然后方片也按照同样的顺序排列，其他的花色依此类推。如果我们洗一次、两次或三次，那么这副排好的扑克顺序会被逐渐打乱。不过，这样的混乱并不是洗牌过程中的固定特点。我们可以继续把这副混乱的牌重新洗一次，而且我们精心设计洗牌的过程，以便抵消前一次洗牌的影响，使扑克恢复原有的顺序。然而，每个人现在期待的都是前面一次洗牌的结果；由于可能不得不等很长的时间这种情况才会偶然出现，因此没有人会看到在实际中发生的后面一次洗牌过程。

玻尔兹曼对自然界事物的单一方向性的解释正如上文所述，有机体的从生到死的生命历程也包含在内。“时间箭头”与相互作用的机制无关，这是它的主要优点；在上文的例子中，时间箭头与我们的机械洗牌没有一点关系。洗牌，本身没有过去或者未来的因素包含在内，这样它本身就可以随时逆转。“箭头”其实是一个统计学的概念，表示过去和将来两个时间因素。我们举这个洗牌的例子，就是想说明一副牌中混乱的顺序不计其数，但是只有一种或者极少的几种排列好的次序。

然而，很多人一再反对这个理论，其中不乏非常聪明的人。

这些反对的意见大致可以归纳为：在逻辑上，这个理论有明显的错误。如果时间的两种方向无法通过基本结构来区别，即便是完全对称的操作，那么通过对称的操作，怎样才能使得综合行为明显地倾向于一方呢？如果综合行为可以在一个方向上出现，那么它也必然会在相反的方向上出现。

如果以上的论据很充分的话，那么这个理论似乎可以得到致命的打击。因为该理论的主要优点，都可以被上文的论据一针见血地指出不足——不可逆的事件可以从可逆的基本机制中产生。

上文的论据尽管非常深刻有力，但是并不能给出最有力的批判。上文的论据中，有一点是正确无疑的——事情如果在时间的一个方向上成立，那么它会在另一个方向上也同样成立。这是由于时间在两个方向上是完全对称的，但是绝对不能草率地作出定论说，在任何情况下，两个方向都是等价的；而且说这些的时候，你还须谨慎用词。除此之外，我们还得补充一点："流逝"在我们所了解的特殊世界中只出现在一个方向，并且我们将之称为从过去到未来。简而言之，时间流动的方向必须由热统计理论通过其定义来自行决定。

由统计学定义给出的时间方向，在不同的物理学体系中，可能并不总是相同的，这是我们最为担心的地方。玻尔兹曼直接正视这种可能性；在他看来，如果宇宙存在时间足够长，或者延伸得足够远，那么时间有可能在世界的一些遥远的地方，正在朝着相反的方向运动着。尽管这个观点引起了很大的争论，但是这个争论没有必要进一步继续下去。这是由于玻尔兹曼的时代，他既不知道我们目前所了解的宇宙既不够大，也不够久远，因而大规模的时间倒流也就无从发生了。不过，局部的时间在非常小的时间和空间尺度中是可以倒转的，并且已经被观察到（在布朗运动中，斯莫卢霍夫斯基[1]），这是我最后作的一点不带解释的补充。

在我看来，与相对论哲学相比，“时间的统计理论”能产生更大的影响力。相对论哲学虽然也引发了巨大的变革，但是在时间流动的方向性上却没有触及。对于方向性，它仅仅作了假设，别无其他。而统计理论却与之不同，它以事件的发生顺序为基础来建构自身的理论基础。这样，我们在时间的暴君专制下获得了解放。由此我认为，我们在意识世界里建筑的一切理论，不会压制我们的意识。因为这种力量既不能将它摧毁，也不能推动它。毫无疑问，你们当中的一部分人一定会把它称为神秘主义。不过，物理学的理论都是相对的，这在任何时候都是如此，因为它们是建立在某些基本假设的基础之上。所以，我们可以断言，意识不会被时间摧毁，这已经被现阶段的物理学所证明了！

[1] 布朗运动是指微小粒子受周围媒质分子不平衡碰撞而表现出的无规则运动，这种运动是确定物质由原子组成的观点的重要证据，见本书第一部分。斯莫卢霍夫斯基（1906）在布朗运动的随机理论方面作出了重要贡献。

第六章

感知的奥秘

生命是什么
WHAT IS LIFE

在最后一章中，我想就阿布德拉的德谟克里特的著名论断中涉及的两个方面进行详细的论证。我们知道他的理论中已经注意到了这样的奇怪情况：一方面，无论是来自日常生活的知识，还是在精心准备的实验中获取的知识，我们都是依赖直接的感知来了解周围的世界；另一方面，我们获得的这类知识，并没有揭示感知与外部世界的联系。因此，我们对外部世界的认识以及由这种认识所建构起来的模式中没有任何关于感知的成分。尽管以上论断中的前一部分得到了所有人的认可与接受，但是第二部分的含义却往往被人忽略。这是因为，我们对科学的崇尚由来已久，我们始终坚信一点，凭借“非常精密的方法”，科学家可以认清楚那些自身永远无法被人认识的事物。

黄色光是什么，如果你问的是一名物理学家，那么他会告诉你它是一种波长在 590 纳米（一纳米为十亿分之一米）范围内的横向电磁波。黄色来自何处，如果你继续问他这样的问题，那么他会说：其实根本不存在黄色，只是由于我们健康的视网膜接触到这些振动的时候，自动就会产生黄色的感觉。如果你没有就此停止，继续询问关于黄色的问题，他就会说，当波长为 400 ~ 800 纳米时才会出现颜色的感觉，不同的波长会产生不同的色彩感，但并不是所有波长的光线都是这样的。在物理学家看来，超过800 纳米的红外线、不足 400 纳米的紫外线与人眼能感受到的400 ~ 800 纳米的光波是基本相同的现象。那么，眼睛对光的特殊选择是怎样产生的呢？很明显，这是对太阳辐射的一种适应。在光波的这个波长区域，阳光是最强烈的，慢慢地到两端变得弱化。由于黄色正好在阳光辐射最强的峰值区域内，因此它是眼睛感受到的最亮的光。

除此之外，我们还会继续问道：黄色的视觉印象是不是仅仅由波长邻近 590 纳米的光才会产生？事实上，答案不是这样的。760 纳米的光波能产生红色，535 纳米的光波能产生绿色。将这两种颜色的光波按照一定的比例混合起来，也会产生黄色的光波。这种黄色的光波与 590 纳米处的黄色光波在视觉上的感觉其实是一样的。它们在单色光照和混合光照下看起来完全是一样的，无法区别彼此。我们是不是可以通过波长对色觉预先作出一个判断呢？也就是说，色觉与光波的客观物理性质是不是存在一定的数值联系呢？答案是否定的。因为诸如此类的混合光图，就是我们所说的色三角形[1]，都是通过实验发现的，但是波长只是其中的一个因素，并不是全部因素。像这样的光谱中两种光混合产生的波

[1] 在生理学中，任何颜色都可由红绿蓝三原色混合而得，这个理论的图形表示称为色三角形。

长，位于其中的光并不是普遍性的规律。比如，将光谱两端的红色和蓝色混合，产生的紫色并不是光谱中的任何一种单色光。并且，混合光图和色三角形对于不同的人来说，所产生的感觉是稍微有所不同的，而那些非色盲人群但对三色视觉异常的人与平常人对此的感觉也是不一样的。

对于色彩感的产生，物理学家想通过对光波的客观描述来解释其原因，但是最终没有成功。我们是不是可以把解释色彩感的产生寄托于生理学家呢？如果他们对于视网膜的变化过程以及在这个变化过程中视神经与大脑内部的相互反应，有着充分的了解与把握，是不是就可以解释色彩感的产生了呢？就我个人而言，并不认为生理学家可以解释这种原因。我们可以掌握在某个特定方向或某个特定视觉感受范围内，大脑对于黄色出现时发生的变化，哪些神经纤维被激发，以什么样的频率被激发，或许它们在特定脑细胞中引起的变化过程，我们通过各种技术或操作也可以捕捉到。但是，即便这样，我们还是对色彩感觉或某特定方向的黄色感觉是怎样产生的一无所知。像其他的味觉，比如甜的或其他感觉，我们对于这样的生理过程的了解也是一样的。我只想说，就像对电磁波的客观描述中不包含电磁波的特征解释一样，对于“黄色”“甜味”等这样生理感觉的特征解释，仅仅依靠对神经系统的变化过程进行客观描述是不行的。

其他的感觉对于我们来说，也是一样的。把刚刚研究过的色彩感与听觉做一个比较，这是一件非常有意思的事情。膨胀或收缩的弹性波通过空气，它们可以传到我们的耳朵中。声音的音高是由它们的波长或是频率决定的。我不告诉你们，你们也应该知道可听到的声音的频率范围与可见光的频率范围是很不相同的。声音的频率是从每秒 12 ~ 16 次到每秒 20 000 ~ 30 000 次，而光的范围则在几百万亿间。但是，相比较而言，声音的变化幅度要比光的更大，它包括十个八度变化，而可见光还不到一个。通常随着年龄的增长，音高的上限明显下降。这种变化因人而异，特别是随着年龄变化而不同。如果把几种频率不同的音混合后，它总是和某一中间频率的音单独产生的音高感觉相同，这是声音最为显著的特征。对于一般的人来说，大部分都可以区分同时出现的重叠音调，对于那些音乐造诣很高的人来说更是如此。把不同强度、不同特点的较高单音混合起来，就会产生我们经常所说的音色。我们可以凭借音色的不同，来区分出到底是小提琴、军号还是教堂的铃声或钢琴等的演奏，即便只有一个音符。就连噪声也有自己的音色，我们可以通过音色来推断出正在发生的事情。甚至于我的狗对铁盒的开动声音也有了感觉，因为我偶尔在铁盒里面取出饼干喂它吃。在这些例子当中，重叠声音的频率比是最重要的因素。不管你将留声机的唱片播放速度加快还是减慢，你都可以分辨出它的曲调。因为重叠声音的频率比是以同样的比例变化的，因而不影响音色。然而，如果重叠声中某些声音的绝对频率发生变化的话，那么这样的情况就远不是上面所描述的了。记录人声的留声机，如果我们加快其唱片的播放速度，其中的元音会发生明显的变化，比如“car”中的“a”就变成了“care”中的元音。在一定的频率段内，连续的音无论是有先后顺序、此起彼伏，还是同时发出的，总是不悦耳的，就像警报声或尖叫的猫一样。同时发声这样的情况一般不容易做到，只有许多警笛一块鸣响，或者很多猫一起叫时才会出现这种情况。这一点与对光的感觉是完全不同的。一般情况下，我们所见到的色彩都是光的连续混合体所形成的效果。因此，无论在大自然还是在绘画中，我们都可以看到绚烂夺目的连续色彩层次。

我们可以通过对耳朵生理结构的了解来开始听觉特征的探讨。幸运的是，我们对耳朵生理机制的相关知识的掌握比对视网膜的了解丰富和准确得多。耳蜗是耳朵的主要器官，就像一种海生蜗牛的壳一样，它是蜷曲的管状骨。它的内部构造就像细小的螺旋式楼梯，越往上走越窄。弹性纤维就在这样的台阶上延伸，沿着楼梯蜿蜒伸展，便形成了我们所说的耳膜。耳膜的宽度随着“底部”向“顶部”的顺序不断减小。于是，耳膜就像竖琴或钢琴的琴弦，不同频率的振动接触到不同的耳纤维，就会做出不同的机械反应。耳膜的某一小区域，其间包括的纤维不只是一根，对于一个特定的音频做出反应；而耳膜的另一区域，其间包含着较短的纤维，它会对较高的音频做出反应。于是，人们所熟悉的神经刺激便由这些特定频率的机械振荡产生，它们会被传送到大脑皮层的特定区域。我们知道，所有神经系统的变化只与刺激强度有关系，它影响神经脉冲的频率，而其传导的过程却是完全相同的。

当然，情况也并不像我们所说的那样简单。倘若一个人如上文所述实际拥有着区分音调与音色的能力，那么一个物理学家就可以设计出很多种截然不同的耳朵，这其中自然包括人类耳朵本来的样子。如果在耳蜗中的每一根“弦”，只对相应的振荡区域的频率做出反应，那么这一切将会变得很简单。但是，事实上却不是这样。因为这些弦的振荡有衰减，如果强烈的话，就容易形成共鸣，而且共鸣的范围随着衰减程度的变化而变化。根据这个原理，物理学家想方设法地减少阻尼，然而这又会产生不好的结果。换句话说，声音的声波停止以后，我们所听到的声音还要持续一段时间，除非我们的耳蜗中的共鸣器停止活动，而共鸣器本身几乎不受阻尼影响。于是，我们在这种状态下可以区分音调的细微差异，但是却是以损失前后声音的辨别为代价而获得的。但是，我们的耳朵却可以将音调的差异与前后声音的分别有效地协调起来，这是我们至今还在迷惑的问题。

上面说到的这些细节问题，无疑让我们明白了，不管是物理学家还是生理学家，他们都没有把握住听觉的任何特点。任何这类描述都以同样的一句话结束：神经刺激传到大脑的某个特定区域，在那里它们被转化成了一系列的声音，这是任何物理学和生理学描述最后的结论。当耳鼓接触到空气中的压力变化产生震动时，这种变化可以被我们一一记录并仔细追随。通过这样的仔细研究，我们明白了声音首先是通过细小的骨头传到另一层膜，然后继续传递，进入到耳蜗内，而那里正有很多个长度不同的纤维等待着振动的到来。接着，耳蜗中一根振动的纤维通过某种方式与相联系的神经纤维建立了电磁和化学传导。这些我们都可以了解，甚至我们还能跟随这些传导一直到大脑皮层，进一步了解那里的客观情况。然而，无论我们怎么把握客观的情况，“如何转化成声音”对我们来说一直是一个未解的谜。它不在我们描述的科学画面中，而是隐藏在正在谈论大脑和耳朵的这个人的意识中。

用同样的方式，我们可以探讨味觉、嗅觉、触觉和知觉。嗅觉可以检测不同的气体，味觉可以判断不同的液体。它们可以对无限可能的刺激产生有限的几种感觉反应，这是与视觉相同的地方。就味觉来说，它的感觉主要有苦、甜、酸、咸和其一定的混合。就嗅觉来说，我个人认为它的感觉种类要比味觉丰富得多，尤其是某些动物的嗅觉非常灵敏，那是人类远远比不上的。在动物界中，不同的动物对物理和化学刺激的不同客观特性的感受是不同的。例如，蜜蜂的视力非常好，它可以看到紫外光；三色视觉对于它们而言是真实存在的。相对于光的偏振，其他生物对此的敏感程度远不及蜜蜂。这种对光的偏振的极端敏感，可以帮助蜜蜂判断太阳的方向，尽管它们用以判断的方式在人类看起来是多么不可思议。这一事实不久前刚被慕尼黑的冯·弗里希发现。它们的判断方式之所以会使人们惊讶，是因为即便是完全偏振的光，人类也没有办法将其与普通非偏振的光区别开来。对高频振动（超声波）的敏感使得蝙蝠可以自己发出超声波，像“雷达”那样帮助自己探测障碍物以避免撞上，其中蝙蝠对超声波的敏感超出了人类听觉范围的上限。而我们人类如果没有留意碰到一个非常冷的物体，会在瞬间觉得它很热，甚至手指上有烧灼的感觉。这是人类对冷热的感觉在一种极端的条件下表现出来的奇怪特征。

美国的化学家大约在二三十年前发现了一种奇怪的化合物。我虽然不记得它的化学名称，但是清楚地知道它是一种白色粉末。有些人觉得它很苦，而另一些人则觉得它无味。人们对这个现象表现出了极大的兴趣，纷纷对它进行了广泛深入的研究。研究发现，品尝这种特殊物质的人的味觉有某种特性，由于这种特性是与生俱来的，因此与其他的条件没有任何关系。更有意思的是，与血型特征的遗传相似，这种特性的遗传遵循了孟德尔法则。正如血型遗传一样，“试味员”或是“非试味员”的身上没有明显的优势或劣势。不过，在杂合子试味员的身上发现有两个“等位基因”的显性基因。我个人认为，偶然发现的这种物质是不可能独一无二的，但是这种“味道不同”的感觉现象却是非常普遍存在的现象。现在，我们可以对光的产生及物理学家是怎样发现它的客观特性来作一番总结性的探讨。迄今为止人们达成的共识是，原子核周围“做某种工作”的电子产生了光。电子既不是红色的，也不是蓝色的，更不是其他颜色；质子和氢原子的原子核，也是这样的情况。但是，按照物理学的观点，只要氢原子中的质子和电子结合，就会产生电磁辐射，这是一种分立的不同波长的辐射。电磁辐射在棱镜或光栅的分离下，观察者借助于某些生理过程，就会在其单色的成分中产生红、绿、蓝、紫的感觉。就我们对生理过程的了解，我们可以肯定地说，神经细胞不会经受刺激后而显示颜色。此外，神经细胞能不能够表现出灰色和白色，以及它的变化与外在的刺激是不是有直接关系，与个体伴随刺激产生的色彩感觉相比较的话，显得微不足道。

通过对发光氢蒸气光谱中某些位置上谱线的观察，我们可以对氢原子辐射及对这种辐射的客观物理性质有所了解。尽管我们通过这种方式获得了第一手知识，但是它却不是完整的知识。我们只有完全消除人们的主观感觉，才能获取关于辐射的完整知识；

这一点在这个典型的例子中是值得我们继续研究的。关于波长的任何特性，颜色本身并不能提供给我们答案，这一点我们早就明白了。例如，假如没有分光镜的话，在物理学家看来可能不是“单色”的光谱线，在我们的感觉上看来却是黄颜色的光。实际上它是由许多不同的波长的光组成，只有依靠分光镜，特定波长的光才会在光谱特定的位置上会聚。可能光源不一定来自同一个方向或地方，但是无论它来自何处，在分光镜的同一位置上却显示着同一种颜色的光。但是即便这样，我们仍然无法从色彩的感觉中获取任何有价值的线索，于是我们对光的物理性质、波长以及其他特性至今没有一个定论。物理学家从来没有对人类的仅有的色彩区分能力感到满意。实际上，我们可以用波长来对颜色作出适当的规定，长波引起蓝色的感觉，短波引起红色的感觉等，而所有这些感觉都是先验的。这种规定恰好与前面的说法相反。

想要充分了解来自任意光源的光的物理性质，利用一种特殊的分光镜——衍射光栅将光分解，这是我们必须采用的办法。有的人建议采用棱镜，这种做法是不行的。因为不同材料的棱镜有不同的折射度，所以我们无法预知不同波长的光被它折射到什么角度。更重要的一点是，由于波长越短，折射越强，所以通过棱镜你根本没有办法判断。

与棱镜相比，衍射光栅的原理是比较简单的。光是一种波动现象，这是我们假设的光的基本物理性质。在这个基础上，如果你可以测量出每英寸光栅中所包含的等间距沟槽的数量，那么你就可判断特定波长光的衍射的准确角度。所以反过来看的话，通过衍射角度和“光栅常数”就可推断出波长。在某些情况下，比如在塞曼和斯塔克效应[1]中很明显，一些光谱线产生了偏振[2]。对于这样的偏振，人的肉眼根本无法察觉。如果想要对它进行一番描述，可以在光通过的路径上放一个偏振仪——尼科尔棱镜，当然前提是必须在分解光束之前。沿着轴慢慢转动棱镜，当它转动到一个方向的时候，有一些谱线消失了，或者亮度减弱到最低；这就是完全或者部分的偏振方向。

假如这种技术可以完善的话，那么它的应用将会超过可见光的范围。闪烁蒸气的谱线远远超越了可见的区域，因此用肉眼是无法分辨出来的。就是这些谱线，它们汇集起来后就形成了无限的序列；并且每个序列的波长遵循着一个相对简单的数学规则。不管它们是否在可见光波的范围之内，这个数学规则对它们而言都是成立的。虽然这个规则是在实验室中首先发现的，但是它的

[1] 塞曼效应是指光谱线在磁场影响下的移动和分裂现象，斯塔克效应是指光谱线在电场影响下的移动和分裂现象。

[2] 在垂直于光的传播方向上，电磁场有两个独立的振动方向，称为偏振方向。通常光包含两个偏振分量，而偏振光只有一个分量。用偏振仪可把这两个分量区分开来。

相关理论已经在实验室之外，为大部分人所掌握。我们可以在可见光区域之外，设置一块显影板，它的作用就相当于人的眼睛。通过测量，波长的长度就可以得到了。第一步，我们要测量相邻沟槽之间的距离，也就是测量光栅常数；第二步，测量显影板上谱线的位置。这些步骤完成之后，我们就可以通过这些测量结果，再结合装置的已知体积，计算出折射的角度。

虽然以上方法是每一个人都知道的，但是它们几乎对所有的物理测量都具有重要的意义，因此我想强调以下几点。

“随着测量技术的不断完善，日益精密的仪器将会逐渐替代观察者”，对于我在这里描述的情况，人们通常会得出这样的结论。然而，事实上并不是这样，观察者不是慢慢地被替代，而是自始至终都是被取代的。观察者对色彩的感觉，并不能为判断光的物理性质提供任何线索，这是前面我已经解释过的。在光栅和测量长度角度的装置问世之前，对于光的物理性质和成分，我们哪怕是最粗浅的了解也是不可能的。在我们获取关于光的特征的认知道路上，使用测量仪器显然是十分关键的一步。尽管我们会不断完善这种装置，但是这对于认识论来说并不是重要的事情。因为对于认识论来说，装置的改善与它的作用在本质上是相同的。

其次，观察者永远不可能被仪器完全替代；如果真的可以的话，那么观察者必将无法获得任何有关的知识。无论是在制作仪器的过程中，还是在完成制作之后，观察者都必须全心全意地投入到仪器制作中，仔细测量仪器的大小，并且认真检测仪器中可以自由移动的部分来达到我们的设计要求。一些测量和检测工作，对于物理学家来说，他们只能依赖生产和出售仪器的工厂，这一点确实如此。不过有一点不容忽视，尽管许多精巧设备装置的运用使得这项工作不再复杂、麻烦，但最终的所有信息还是要集中反馈给某个人或某些人的感官。

最后，不管是对角度还是距离的测量，不管是直接在显微镜下还是在显影板上测量，只要是在使用仪器进行研究，那么这些数据必须由观察者来读出。数据读取工作由于运用了某些新的装置或设备变得更加便利，例如，为了有效直接地显示出谱线位置的放大图像，我们可以使用透明片的光度记录仪。但是不管怎样，这些获取的数据最终需要人来读出，因此观察者的感官介入是必然的。如果没有人的观察测量，纵使有最精确的记录，我们也无法得出任何信息和结论，原先存在的问题自然就无法得到说明或解决了。

这样，我们又遇到了前面提到的相同境遇。我们已经知道了，任何光的物理性质企图通过人的直接感觉，这种可能性是不存在的。作为信息的唯一来源，感觉在一开始就被抛弃了。因此，我们得到的理论图景完全依赖于各种复杂的信息，不过这些信息却是由我们的直接感知获取的。我们的感觉虽然不能说包含了这些信息，但是确实是建立在这些信息的基础之上的，是由这些信息合成的。然而，我们在使用以上图景时，只是一般地知道光波的概念建立在实验的基础上，并不是我们突发奇想所得，但是我们却往往忽视了感觉。

早在公元前5世纪德谟克里特就已经知道了这种奇怪的现象，对此我非常惊讶。虽然他未曾知道或者试图研究制作与上述物理测量仪器类似的装置或设备，但是我的这种惊讶之情丝毫不减。

盖仑[1]曾经保存了一个德谟克里特的论断，这个论断中包含了对于智慧与感觉来说什么是“真实”的辩论。智慧说：“表面上有甜味，表面上有苦味，表面上有色彩，但实际上只有原子和虚空。”感觉不同意智慧的观点，说：“智慧啊，你真可怜！你这不是在利用我们的论据来反驳我们吗？其实，你的胜利就是你的失败！”

在这一章中，我们不妨可以用一些基础的科学、物理学中的简单的例子，来说明两个基本的普通事实：（a）感觉是所有的科学知识的基础；（b）然而，这样的科学知识中并没有关于感知的成分，因此，它不能解释感觉。最后，我作一个简短的总结。

我们的实验和观察得益于科学理论的发展。在一些初步的理论确证以前，对于个体来说，记忆很多相关的理论事实是很困难

[1] Galenus（约129—200），古罗马医师，自然科学家和哲学家。

的，这是每一位科学家都清楚明白的一点。然而，有一些现象很让人诧异，一个逻辑缜密的理论的创始者，在这种理论确立之后，总是倾向于在相关的论文或著作中省略他们发现的基本事实，更有甚者不愿意向读者透露，而只是隐藏在晦涩的理论术语中。当然，我不是对这些作者怀有偏见而在这里指责他们。尽管这种方式有它自身的好处，可以帮助读者有规律地记忆事实，但是它却忽视了通过观察获得理论与实际观察获得理论之间的区别。由于观察一定包含了感觉的成分，于是理论通常被人们误解为可以有效地解释感知，但实际上它根本没有办法做到这一点。